工伤预防知识学习手册丛书

危险化学品
工伤预防知识学习手册

主　编◎和杰花　芦佳乐　佟瑞鹏
副主编◎刘贤鹏　柴文浩

中国劳动社会保障出版社

图书在版编目（CIP）数据

危险化学品工伤预防知识学习手册 / 和杰花，芦佳乐，佟瑞鹏主编. -- 北京：中国劳动社会保障出版社，2025. --（工伤预防知识学习手册丛书）. -- ISBN 978-7-5167-7038-2

Ⅰ. X928.503-62

中国国家版本馆 CIP 数据核字第 2025Z8H112 号

危险化学品工伤预防知识学习手册

WEIXIAN HUAXUEPIN GONGSHANG YUFANG ZHISHI XUEXI SHOUCE

中国劳动社会保障出版社出版发行
（北京市惠新东街 1 号　邮政编码：100029）

*

天津市银博印刷集团有限公司印刷装订　新华书店经销
880 毫米 ×1230 毫米　32 开本　4.125 印张　90 千字
2025 年 6 月第 1 版　2025 年 6 月第 1 次印刷
定价：16.00 元

营销中心电话：400-606-6496
出版社网址：https://www.class.com.cn

版权专有　　侵权必究

如有印装差错，请与本社联系调换：(010) 81211666
我社将与版权执法机关配合，大力打击盗印、销售和使用盗版图书活动，敬请广大读者协助举报，经查实将给予举报者奖励。
举报电话：(010) 64954652

"工伤预防知识学习手册丛书"编委会

主　任：佟瑞鹏
副主任：张姜博南　李宝昌
委　员：孙　浩　张渤苓　王露露　王乐瑶　张东许　赵　旭
　　　　孙宁昊　和杰花　李佳航　胡向阳　王　乾　梁梵洁
　　　　李　鑫　王楚涵　赵云昊　宋轩宇　王登辉　姚泽旭
　　　　尹雪晨　郭　钰　孙鹏依　韩吉祥　张晓磊　孟子尧
　　　　刘贤鹏　柴文浩　李慕晨　未宗帅　毛　颖　王益艳
　　　　赵晶荣　董国宇　杨昂滨　武　琪　李佳琦　张笑璇
　　　　连芳菲　王智浩　吴韶辉　李聪聪　李昕阳　张培森
　　　　张智慧　邓盈祺　郝彬鑫　芦佳乐　尼玛平措
　　　　皮芙萍

内容简介
INTRODUCTION

化工行业在我国经济发展中占据重要地位，危险化学品存在较大危险性，化工企业职工在生产作业过程中难免会接触到各类危险有害因素，这些因素可能对人体造成伤害或引发职业病，从而导致工伤。为了有效预防和控制化工行业中的工伤事故与职业病，保障职工的合法权益，提升企业的安全生产管理水平，本书紧扣安全生产、工伤保险以及化工安全等方面的法律、法规，详细介绍了化工企业职工在生产作业过程中应该了解的工伤预防与工伤保险基础知识。

本书内容主要包括工伤保险和工伤预防、工伤事故与职业病防治概述、危险化学品基础知识、危险化学品生产经营全流程工伤预防、危险化学品职业病防治与个人防护、危险化学品事故工伤急救等内容。

在编写本书时，着重关注知识的普及性与可操作性。所选内容具有较强的通用性，文字表述浅显易懂，版式设计新颖且富有吸引力，配以直观生动的漫画插图，既可作为政府、相关行业管理部门以及用人单位开展工伤预防宣传教育工作使用，也可作为广大职工群众提升自身工伤预防意识的普及性学习读物。

目 录
CONTENTS

第1章 工伤保险和工伤预防 /1
1. 工伤保险的定义与特点 /1
2. 工伤保险的重要意义与原则 /3
3. 我国工伤保险制度发展历程 /5
4. 工伤保险基金与参保缴费 /7
5. 工伤认定 /8
6. 劳动能力鉴定 /12
7. 工伤保险待遇 /14
8. 工伤预防的概念与作用 /16
9. 职工工伤保险和工伤预防的权利和义务 /18
10. 工伤预防管理模式 /20

第2章 工伤事故与职业病防治概述 /23
11. 工伤与职业病概念 /23
12. 工伤事故常见种类 /26
13. 造成事故的不安全行为与不安全心理 /29
14. 安全生产教育和培训 /31
15. 安全生产规章制度 /34

I

16. 作业现场安全信息 /35

17. 职业病的特点与分类 /39

18. 职业病危害因素 /41

19. 职业健康监护 /41

第3章 危险化学品基础知识 /47

20. 危险化学品的定义与分类 /47

21. 危险化学品标志 /50

22. 化工生产事故的主要特点与常见原因 /52

23. 易燃物品管理规范 /53

24. 毒性物质管理规范 /56

25. 腐蚀性物质管理规范 /57

26. 爆炸品管理规范 /59

27. 压缩气体和液化气体管理规范 /61

28. 氧化性物质和有机过氧化物管理规范 /63

第4章 危险化学品生产经营全流程工伤预防 /65

29. 危险化学品生产过程工伤预防 /65

30. 危险化学品储存安全管理 /69

31. 危险化学品储存安全技术 /72

32. 危险化学品运输原则与检查审批 /75

33. 危险化学品运输人员与车辆安全要求 /77

34. 危险化学品经营安全要求 /80

35. 危险化学品使用安全要求 /82

36. 危险化学品废物危害性与毒性 /84

37. 危险化学品废物处置规范 /86

第5章　危险化学品职业病防治与个人防护 /89

38. 危险化学品行业职业病危害 /89

39. 化学毒物所致职业病危害预防 /91

40. 粉尘所致职业病危害预防 /94

41. 物理因素所致职业病危害预防 /96

42. 化学防护服穿戴使用 /98

43. 呼吸防护用品佩戴使用 /99

44. 防护手套佩戴使用 /102

45. 防护鞋穿戴使用 /104

46. 防护眼镜和防护面罩的穿戴使用 /105

47. 安全帽佩戴使用 /106

48. 防冲击眼护具佩戴使用 /108

第6章　危险化学品事故工伤急救 /111

49. 危险化学品事故应急救援的基本原则 /111

50. 现场紧急心肺复苏 /113

51. 毒气泄漏避险 /116

52. 中毒窒息急救 /118

53. 化学烧伤急救 /120

54. 化学性眼灼伤和皮肤灼伤急救 /120

55. 强酸和强碱灼伤的现场处理 /123

第1章 工伤保险和工伤预防

1. 工伤保险的定义与特点

（1）工伤保险的定义

工伤保险是国家社会保险体系的一个重要组成部分，是指国家立法实施的，通过用人单位缴费筹资形成基金，对职工因工作原因遭受事故伤害或者患职业病的，给予职工及其近亲属相应待遇的一项社会保险制度。

（2）工伤保险的特点

工伤保险具有四个基本特点：一是强制性，工伤保险是由国家通过立法来强制执行的，在立法规定的范围内，用人单位必须参加工伤保险，为职工缴纳工伤保险费；二是非营利性，工伤保险既是国家对职工履行的社会责任，也是职工应该享有的基本权利，国家实行工伤保险制度，目的是保障职工安全健康，因此国家提供所有的工伤保险有关的服务，均不以营利为目的；三是保障性，为工伤职工及其近亲属提供基本生活保障和医疗康复待遇；四是互助互济性，通过法定程序筹集形成工伤保险基金，实现不同群体、地域和行业间的风险共担与基本调剂。

法律提示

《工伤保险条例》于2003年4月27日经中华人民共和国国务院令第375号颁布，自2004年1月1日起施行。2010年12月20日，国务院通过第586号令发布《国务院关于修改〈工伤保险条例〉的决定》，修订后的条例自2011年1月1日正式施行。

现行《工伤保险条例》共8章67条，具体结构为：第一章总则，第二章工伤保险基金，第三章工伤认定，第四章劳动能力鉴定，第五章工伤保险待遇，第六章监督管理，第七章法律责任，第八章附则。

2. 工伤保险的重要意义与原则

（1）工伤保险的重要意义

《工伤保险条例》的立法宗旨是：为了保障因工作遭受事故伤害或者患职业病的职工获得医疗救治和经济补偿，促进工伤预防和职业康复，分散用人单位的工伤风险。这体现了国家设立工伤保险制度的重要意义。

（2）工伤保险的原则

1）强制性原则。国家通过立法的形式强制用人单位对职工遭受的工伤事故和职业病负责，所有用人单位都应当为职工参加工伤保险，并由用人单位缴纳工伤保险费。目前，凡是实行了工伤保险制度的国家，都是通过颁布法律的形式实施的。

2）无过错补偿原则。工伤事故发生后，不管过错在谁，工伤职工均可获得补偿，以保障其及时获得医疗救治和基本生活保障。但这并不妨碍有关部门对事故责任人的追究，以防止类似事故的重复发生。

3）职工个人不缴费原则。这是工伤保险与养老、医疗、失业等其他社会保险项目的区别之处。由于职业伤害是在工作过程中造成的，劳动力是重要的生产要素，职工为用人单位创造财富的同时付出了代价，所以理应由用人单位负担全部工伤保险费，职工个人无须缴纳任何费用。

4）风险分担、互助互济原则。通过法律强制征收工伤保险费，建立工伤保险基金，采取互助互济的方法，分散风险，缓解部分企业、行业因工伤事故或职业病所产生的负担。

5）实行行业差别费率和浮动费率原则。为强化不同工伤风险类别行业相对应的用人单位责任，充分发挥缴费费率的经济杠杆作用，促进工伤预防，减少工伤事故，工伤保险实行行业差别费率，并根据用人单位工伤保险支缴率和工伤事故发生率等因素实行浮动费率。

6）补偿、预防与康复相结合原则。工伤补偿、工伤预防与工伤康复三者是密切相连的，构成了工伤保险制度的三个支柱。工伤预防是工伤保险制度的重要内容，工伤保险制度致力于采取各种措施，以减少和预防事故的发生。工伤事故发生后，及时对工伤职工进行医治并给予经济补偿，使工伤职工本人或家庭生活得到一定的保障，是工伤保险制度基本的功能。同时，要及时对工伤职工进行医学康复和职业康复，使其尽可能恢复或部分恢复劳动能力，具备从事某种职业的能力，能够自食其力，这可以减少人力资源和社会资源的浪费。

7）一次性补偿与长期补偿相结合原则。对工伤职工或工亡职工的近亲属，工伤保险补偿实行一次性补偿与长期补偿相结合的办法。如对高伤残等级的职工、工亡职工的近亲属，在依法支付一次性补偿的同时，还按月支付长期补偿。这种一次性补偿与长期补偿相结合的办法，可以长期、有效地保障工伤职工及工亡职工近亲属的基本生活。

法律提示

《工伤保险条例》第二条规定，中华人民共和国境内的企业、事业单位、社会团体、民办非企业单位、基金会、律师事务所、会计师事务所等组织和有雇工的个体工商户（以下称用人单位）应当依照本条例规定参加工伤保险，为本单位全部职工或者雇工（以下称职工）缴纳工伤保险费。中华人民共和国境内的企业、事业单位、社会团体、民办非企业单位、基金会、律师事务所、会计师事务所等组织的职工和个体工商户的雇工,均有依照本条例的规定享受工伤保险待遇的权利。

3. 我国工伤保险制度发展历程

（1）计划经济时期工伤补偿制度的建立和实施

1951年,中央人民政府政务院颁布了《中华人民共和国劳动保险条例》,这是我国第一部包括养老、工伤、工亡职工遗属等保险项目在内的全国性统一法规,也是社会保障制度在我国开始实施的起点。该条例对劳动保险的实施范围,保险费的征集、管理和支付,保险的项目和标准以及保险业务的执行和监督都作出了明确规定。

劳动保险制度中的工伤补偿制度,结束了我国缺乏完整统一的工伤保障制度的历史,通过实行部分基金统筹的方式,为计划经济时期大规模的建设提供了工伤补偿制度，保障了这一时期工伤职工及其家属的基本生活，具有分散工伤风险、促进经济建设的积极意义。

（2）改革开放时期工伤保险制度的改革、探索和实践

我国工伤保险制度改革始于20世纪80年代中期。1988年，劳动部主持制定了社会保险制度改革方案，选择了社会保险作为我国工伤保险的制度模式，初步形成了工伤保险制度改革框架，提出了工伤保险制度改革的主要内容。

在总结多年工伤保险改革试点经验和借鉴国外成熟做法的基础上，1996年8月12日，劳动部颁布了《企业职工工伤保险试行办法》。该试行办法对工伤保险制度作了统一规定，对沿用至20世纪90年代初的企业自我保险的工伤制度进行了根本性改革。同时，国家技术监督局也在1996年3月颁布了《职工工伤与职业病致残程度鉴定》（GB/T 16180—1996）。

（3）适应市场经济体制的工伤保险制度的形成

2003年，国务院颁布《工伤保险条例》，标志着适应我国社会主义市场经济体制的工伤保险制度正式形成。

《工伤保险条例》的颁布，在我国工伤保险制度建设进程中具有里程碑意义，标志着我国的工伤保险制度步入了法治化轨道，也预示着我国的工伤保险制度改革进入一个崭新的发展阶段，意味着适应我国社会主义市场经济的新型工伤保险制度已初步构建完成。同时，《工伤保险条例》的出台，使工伤保险成为我国社会保障体系的重要组成部分，对于进一步完善我国的社会保障体系，维护我国经济和社会的健康稳定发展，以及加快推进我国社会保障法治化建设，无疑起到了重要的推动作用。

4. 工伤保险基金与参保缴费

（1）工伤保险基金

稳定充足的工伤保险基金是工伤保险制度顺利实施的保障。《社会保险术语 第5部分：工伤保险》（GB/T 31596.5—2015）中将工伤保险基金定义为：按照法律规定，由用人单位缴纳的工伤保险费及其利息收入以及其他依法纳入的资金汇集而成的，用于支付工伤保险待遇及其他相关支出的专项资金。

（2）工伤保险参保缴费

随着经济、社会的发展，世界各国已达成共识，认为职工在为用人单位创造财富、为社会作出贡献的同时，还冒着付出健康和生命代价的风险。因此，由用人单位缴纳工伤保险费是完全必要和合理的。

《工伤保险条例》第十条规定，用人单位应当按时缴纳工伤保险费。职工个人不缴纳工伤保险费。用人单位缴纳工伤保险费的数额为本单位职工工资总额乘以单位缴费费率之积。对难以按照工资总额缴纳工伤保险费的行业，其缴纳工伤保险费的具体方式，由国务院社会保险行政部门规定。

 相关链接

目前，世界各国实行的工伤保险大体分为两种类型：一种是社会保险类型；另一种是雇主责任类型。

实行社会保险类型的国家约占实行工伤保险制度国家的2/3。工伤保险基金可以是一般社会保险基金的组成部分，也可以是单独的。在这些国家中，凡参加工伤保险的雇主，都必须向社会保险机构缴纳工伤保险费。

实行雇主责任类型的是少数国家，体现为雇主责任制。雇主责任制有两种方式：一是工伤职工或其亲属直接向雇主索赔；二是雇主为其雇员的工伤风险购买商业保险。雇主责任制下，完全由雇主承担缴费甚至赔偿责任，职工个人不缴费。

5. 工伤认定

（1）各类工伤认定的情形

《工伤保险条例》第十四至十六条分别对应当认定为工伤的情形、视同工伤的情形、不得认定为工伤的情形作出了明确规定。

1）职工有下列情形之一的，应当认定为工伤：

①在工作时间和工作场所内，因工作原因受到事故伤害的。

②工作时间前后在工作场所内,从事与工作有关的预备性或者收尾性工作受到事故伤害的。

③在工作时间和工作场所内,因履行工作职责受到暴力等意外伤害的。

④患职业病的。

⑤因工外出期间,由于工作原因受到伤害或者发生事故下落不明的。

⑥在上下班途中,受到非本人主要责任的交通事故或者城市轨道交通、客运轮渡、火车事故伤害的。

⑦法律、行政法规规定应当认定为工伤的其他情形。

2)职工有下列情形之一的,视同工伤:

①在工作时间和工作岗位,突发疾病死亡或者在48小时之内经抢救无效死亡的。

②在抢险救灾等维护国家利益、公共利益活动中受到伤害的。

③职工原在军队服役,因战、因公负伤致残,已取得革命伤残军人证,到用人单位后旧伤复发的。

职工有前款第①项、第②项情形的,按照《工伤保险条例》有关规定享受工伤保险待遇;职工有前款第③项情形的,按照《工伤保险条例》有关规定享受除一次性伤残补助金以外的工伤保险待遇。

3)职工符合前述规定,但是有下列情形之一的,不得认定为工伤或者视同工伤:

①故意犯罪的。

②醉酒或者吸毒的。

③自残或者自杀的。

（2）工伤认定的主要流程

申请工伤认定的流程可以总结为发生工伤、提出工伤认定申请、备齐申请材料、社会保险行政部门受理、作出工伤认定五个环节，具体如下。

1）发生工伤。职工发生工伤事故，或被诊断、鉴定为职业病。

2）提出工伤认定申请。职工所在单位应当自职工事故伤害发生之日或者职工被诊断、鉴定为职业病之日起30日内，向统筹地区社会保险行政部门提出工伤认定申请。

用人单位未按规定提出工伤认定申请的，工伤职工或者其近亲属、工会组织在事故伤害发生之日或者被诊断、鉴定为职业病之日起1年内，可以直接向用人单位所在地统筹地区社会保险行政部门提出工伤认定申请。

3）备齐申请材料。提出工伤认定申请应当提交下列材料：

①工伤认定申请表。

②与用人单位存在劳动关系（包括事实劳动关系）的证明材料。

③医疗诊断证明或者职业病诊断证明书（或者职业病诊断鉴定书）。

工伤认定申请表应当包括事故发生的时间、地点、原因以及职工伤害程度等基本情况。

4）社会保险行政部门受理。申请材料完整，属于社会保险行政部门管辖范围且在受理时效内的，应当受理。申请材料不完整的，社会保险行政部门应当一次性书面告知工伤认定申请人需要补正的全部材料。

5）作出工伤认定。社会保险行政部门应当自受理工伤认定申请之日起 60 日内作出工伤认定的决定,并书面通知申请工伤认定的职工或者其近亲属和该职工所在单位。

 案例解读

田某在某市铸造厂从事铸造工作。某日,车间主任派他到该厂另外一车间拿工具。在返回工作岗位途中,田某被该厂建筑工地坠落的砖块砸伤头部,当即被送往医院救治,后被诊断为脑裂伤。出院后,田某向单位申请工伤保险待遇,但是单位认为他不是在本职岗位中受的伤,因此不能享受工伤保险待遇。田某遂向当地社会保险行政部门投诉,要求认定其为工伤。

当地社会保险行政部门经调查后认为:虽然田某的致伤地点不是本职岗位,但他是受领导(车间主任)指派离开本职岗位到另一车间拿工具的,故其受伤地点应属于工作场所。这一事故具有一般工伤事故应具备的"三工"要素,即在工作时间、

工作地点,因工作原因而受伤。因此,当地社会保险行政部门认定田某为工伤,并依法要求单位按规定给予田某相应的工伤保险待遇。

6. 劳动能力鉴定

(1)劳动能力鉴定申请条件

劳动能力鉴定申请是在法律与制度的严格规范下,有着明确且严谨的条件要求,旨在确保整个鉴定过程的科学性、公正性以及权威性,让每一位遭受工伤的职工都能获得与其身体损伤状况和劳动能力丧失程度相匹配的合理保障。

具体来说,工伤职工进行劳动能力鉴定应符合以下条件:一是经过治疗后,伤情处于相对稳定状态,这样便于劳动能力鉴定机构聘请的医疗专家对伤情进行鉴定;二是职工经治疗后,确认是因工伤原因造成身体上的残疾;三是工伤职工的残疾对以后的工作、生活将产生直接影响,并且伤残程度已经影响到职工本人的劳动能力。在上述情况下,工伤职工应当进行劳动能力鉴定。

(2)劳动能力鉴定主体

工伤职工或者其用人单位应当及时向设区的市级劳动能力鉴定委员会提出劳动能力鉴定申请。

(3)劳动能力鉴定流程

申请劳动能力鉴定的主要流程可以总结为以下五个环节。

1)职工伤情基本稳定,进行劳动能力鉴定。职工发生工伤,经治疗伤情相对稳定后存在残疾、影响劳动能力的，或者停工留薪期满（含劳动能力鉴定委员会确认的延长期限）的，应依法进行劳动能力鉴定。劳动功能障碍分为十个伤残等级，最重的为一级，最轻的为十级。生活自理障碍分为三个等级，即生活完全不能自理、生活大部分不能自理和生活部分不能自理。

2）备齐材料，提出申请。申请劳动能力鉴定应当填写劳动能力鉴定申请表，并提交材料：有效的诊断证明、按照医疗机构病历管理有关规定复印或者复制的检查、检验报告等完整的病历资料；被鉴定人的居民身份证或者社会保障卡等其他有效身份证明原件。通过信息共享能够获取的申请材料，不得要求重复提交。

3）接受申请，作出鉴定结论。申请人材料完整的，劳动能力鉴定委员会应当及时组织鉴定，并在收到劳动能力鉴定申请之日起60日内作出劳动能力鉴定结论。伤病情复杂、涉及医疗卫生专业较多的，作出劳动能力鉴定结论的期限可以延长30日。劳动能力鉴定委员会应当自作出鉴定结论之日起15日内将劳动能力鉴定结论及时送达被鉴定人及其用人单位，并抄送人力资源社会保障行政部门和社会保险经办机构。

4）对鉴定结论不服的，可申请再次鉴定。工伤职工或者其用人单位、因病或非因工致残人员或者其用人单位对初次鉴定结论不服的，可以在收到鉴定结论之日起15日内，向省、自治区、直辖市劳动能力鉴定委员会申请再次鉴定。省、自治区、直辖市劳动能力鉴定委员会作出的劳动能力鉴定结论为最终结论。

5）若伤残情况发生变化，可申请劳动能力复查鉴定。自工伤职工劳动能力鉴定结论作出之日起1年后，工伤职工、用人单位或者社会保险经办机构认为伤残情况发生变化的，可以向设区的市级劳动能力鉴定委员会申请工伤职工复查鉴定。对复查鉴定结论不服的，可以按照上述规定申请再次鉴定。

7. 工伤保险待遇

（1）工伤保险待遇享受条件

《中华人民共和国社会保险法》第三十六条规定，职工因工作原因受到事故伤害或者患职业病，且经工伤认定的，享受工伤保险待遇；其中，经劳动能力鉴定丧失劳动能力的，享受伤残待遇。

（2）工伤保险待遇主要类型

《工伤保险条例》中规定的工伤保险待遇主要有以下四种类型。

1）工伤医疗及康复待遇。包括工伤医疗及相关补助待遇、工伤康复待遇、辅助器具的安装配置待遇等。

2）停工留薪期待遇。职工因工作遭受事故伤害或者患职业病需要暂停工作接受工伤医疗的，在停工留薪期内，原工资福利待遇不变，由所在单位按月支付。停工留薪期一般不超过12个月。伤情严重或者情况特殊，经设区的市级劳动能力鉴定委员会确认，可以适当延长，但延长不得超过12个月。生活不能自理的工伤职工在停工留薪期需要护理的，由所在单位负责。

3）伤残待遇。根据工伤发生后劳动能力鉴定确定的劳动功能障碍程度和生活自理障碍程度的等级不同，工伤职工可享受相应的一次性伤残补助金、伤残津贴、一次性工伤医疗补助金、一次性伤残就业补助金及生活护理费等。

4）工亡待遇。职工因工死亡，其近亲属按照规定从工伤保险基金领取丧葬补助金、供养亲属抚恤金和一次性工亡补助金。

（3）停止享受工伤保险待遇的情形

1）丧失享受待遇条件的。如果工伤职工在享受工伤保险待遇期间情况发生了变化，不再具备享受工伤保险待遇的条件，如劳动能力得以完全恢复而无须工伤保险制度提供保障，应当停发工伤保险待遇。

2）拒不接受劳动能力鉴定的。如果工伤职工没有正当理由拒不接受劳动能力鉴定，一方面工伤保险待遇无法确定，另一方面也表明工伤职工并不愿意接受工伤保险制度提供的帮助，故不应当再享受工伤保险待遇。

3）拒绝治疗的。职工遭受事故伤害或患职业病后，有享受工伤医疗待遇的权利，也有积极配合医疗救治的义务。如果无正当理由拒绝治疗，一味消极地依靠社会救助，有悖于这一规定，则不得再继续享受工伤保险待遇。

8. 工伤预防的概念与作用

（1）工伤预防的概念

工伤预防是指为避免与降低工伤风险所采取的宣传和培训等手段和措施。其中，工伤风险是指在工作过程中工伤的发生概率和造成危害的程度。

工伤预防的目的是从源头上减少和避免工伤事故和职业病的发生，实现最大限度减少工伤的最终目标。因此，在工伤保险工作中，应将工伤预防放在首位。

（2）工伤预防的地位和作用

工伤预防是建立健全工伤预防、工伤补偿和工伤康复"三位一体"工伤保险制度的重要内容。《工伤保险条例》把工伤预防定为工伤保险三大任务之一,从而逐步改变了过去重补偿、轻预防的模式。生命安全和身体健康是职工的最大利益,用人单位和职工要共同做好工伤预防工作,坚持"安全第一、预防为主、综合治理"的安全生产工作方针。

工伤预防的作用主要表现在以下两方面。

1)工伤预防可以从源头上降低工伤事故和职业病的发生概率,保障职工的安全健康。预防的要义在于"事先防范",防未发生的事故,防"未病之病",防患于未然。企业要进行生产活动,就存在发生伤亡事故和职业病的可能。有关研究表明,现有的工伤事故80%以上是可以通过安全生产管理与技术等手段避免的,说明了工伤事故是可以预防的。

2)工伤预防工作从根本上有利于企业发展,促进社会和谐稳定。随着工伤保险制度的不断完善,工伤预防工作将得到逐步加强。一方面,通过工伤预防,可以提升企业安全生产管理水平,消除事故隐患,从而减少和避免事故的发生。这既能有效保护职工的生命安全与身体健康,也能降低事故给企业带来的经济损失,确保企业生产经营活动的顺利进行,进而推动企业的良性发展,为经济社会的进步贡献力量。另一方面,工伤事故的减少将大幅度减少由此引发的劳资争议,有利于建立和谐的劳动关系,进而促进社会和谐稳定。

 **相关链接**

在我国,工伤预防与安全生产关系密切,存在互相促进的辩

证关系。工伤预防在促进安全生产、保护职工的安全健康方面有着十分重要的意义和作用；反过来，安全生产对工伤预防也有十分重要的促进作用。

9. 职工工伤保险和工伤预防的权利和义务

（1）职工工伤保险和工伤预防的权利

职工工伤保险和工伤预防的权利主要体现在以下方面。

1）有权获得劳动安全卫生教育和培训，了解所从事的工作可能对身体健康造成的危害和可能发生的安全事故。

2）有权获得保障自身安全、健康的劳动条件和个人防护用品。

3）有权对用人单位管理人员违章指挥、强令冒险作业予以拒绝。

4）有权对危害生命安全和身体健康的行为提出批评、检举和控告。

5）从事职业危害作业的，有权获得定期健康检查。

6）发生工伤时，有权得到抢救治疗。

7）发生工伤后，有权申请工伤认定和享受工伤保险待遇。

8）有权申请劳动能力鉴定和再次鉴定，认为伤残情况发生变化的，有权申请劳动能力复查鉴定。

9）因工致残尚有工作能力的，有权在就业方面得到特殊保护，得到职业康复培训和再就业帮助。依照法律规定，用人单位对因工致残的职工不得解除劳动合同，并应根据不同情况安排适当工作。

10）与用人单位发生工伤保险待遇方面争议的，有权按照处理劳动争议的有关规定处理；对工伤认定结论不服或对经办机构核定的工伤保险待遇持有异议的，可以依法申请行政复议，也可以依法向人民法院提起行政诉讼。

（2）职工工伤保险和工伤预防的义务

权利与义务是对等的，有相应的权利，就有相应的义务。职工工伤保险和工伤预防的义务主要体现在以下方面。

1）有义务遵守劳动纪律和用人单位的规章制度，做好本职工作和被临时指派的工作，服从本单位负责人的工作安排和指挥。

2）在劳动过程中必须严格遵守安全操作规程、正确使用个人防护用品，依法接受劳动安全卫生教育和培训，配合用人单位积极预防工伤事故和职业病的发生。

3）申请工伤认定、劳动能力鉴定时，有义务如实反映发生的工伤事故和职业病的有关情况及工资收入、家庭等有关情况；当有关部门调查取证时,应当给予配合。

4)除紧急情况外,工伤职工应当到工伤保险签订服务协议的医疗机构进行治疗,对于治疗、劳动能力鉴定、康复要接受有关机构的安排,并给予配合。

10. 工伤预防管理模式

目前,世界上工伤预防体制主要可以分为三类:第一类为独立型,即工伤保险机构自身单独管理和核算,从而使工伤预防体制相对独立。这种体制以意大利和德国为代表,在世界上为数不少。第二类为混合型,即由几个部门联合管理工伤预防,如英国和大多中欧、东欧国家,一般有两个相互独立的政府部门,一个主管职业安全,另一个主管职业卫生。第三类为附属型,即工伤预防职能归属于国家的某个部委,该部委主要是分管劳动和卫生的,如日本、芬兰、荷兰和挪威等国。

目前我国的工伤预防管理模式主要有以下三个方面。

(1)扩大工伤保险覆盖面

工伤保险作为一种"保险",大数法则是其一个十分重要的原则,即参加保险者必须有较大的人群才能共同应对风险,才能较好开展工伤预防等工作。

(2)费率机制预防措施

费率机制预防措施是指在筹集工伤保险基金的过程中,采取工伤保险行业差别费率和浮动费率机制,根据用人单位的工伤风险和工伤事故发生情况,调整用人单位的缴费费率,即对安全生产状况差、使用工伤保险基金多的用人单位提高缴费比例，对安全生产情况好、使用工伤保险基金少的用人单位降低缴费比例。这实质上是对两种不同情况用人单位的奖惩措施，可以引导用人单位做好工伤预防，利用经济杠杆作用激励和督促用人单位加强安全生产管理和工伤预防工作。

（3）其他综合性预防措施

其他综合性预防措施主要指从工伤保险基金中提取一定比例的工伤预防费，做好工伤预防宣传与培训工作，提高用人单位和职工的工伤预防意识和能力，减少工伤事故和职业病的发生。

第2章 工伤事故与职业病防治概述

11. 工伤与职业病概念

（1）工伤概念

工伤，亦称职业伤害、工作伤害，各国的概念不尽相同。"工伤"一词比较规范的说法是在1921年国际劳工大会上通过的公约中提及的，即"由于工作原因受到事故伤害的情况为工伤"。1964年第48届国际劳工大会也规定了工伤补偿应将职业病和上下班交通事故包括在内。

第13次国际劳动统计会议使用了雇佣事故的定义，它是指由雇佣引起或在雇佣过程中发生的事故（工业事故和上下班事故）。雇佣伤害是指由雇佣事故导致的所有伤害和所有职业病。

我国国家标准《社会保险术语 第5部分：工伤保险》（GB/T

31596.5—2015）中将"工伤"定义为"职工因工作遭受事故伤害或患职业病"。另外与工伤相关的概念有以下几种。

1）工伤风险。在工作过程中工伤的发生概率和造成危害的程度。

2）工伤发生率。在一定时期内，用人单位（或统筹地区）发生工伤的人次数占职工总人数的比率。

3）工伤预防。避免与降低工伤风险所采取的宣传和培训等手段和措施。

（2）职业病概念

《中华人民共和国职业病防治法》规定，职业病是指企业、事业单位和个体经济组织等用人单位的劳动者在职业活动中，因接触粉尘、放射性物质和其他有毒、有害因素而引起的疾病。《职业病诊断名词术语》（GBZ/T 157—2009）中，对职业病诊断及相关概念作出了解释。

1)职业病诊断。具有职业病诊断资质的医疗卫生机构,根据《中华人民共和国职业病防治法》《职业病诊断与鉴定管理办法》和相关职业病诊断标准,以劳动者的职业病危害因素接触史、临床表现和医学检查结果为主要依据,结合既往病史、工作场所职业病危害因素检测情况等资料,综合分析其疾病的特征和发展变化是否符合相应的职业病特征、发生发展规律和流行病学规律,对接触职业病危害因素的劳动者作出是否患有职业病的诊断结论。

2)职业病诊断证明书。职业病诊断机构依据国家有关法规,向劳动者、用人单位出具的职业病诊断证明文件。

3)职业病诊断鉴定书。职业病诊断鉴定委员会依据国家有关法规向申请职业病鉴定的当事人出具的职业病鉴定结果证明文件。

4)职业病诊断标准。国家卫生健康委员会颁发的具有法规意义的职业病诊断技术标准。

5)职业病诊断分级标准。职业病诊断标准中,作为反映疾病严重程度等级的临床及实验室指标。

6)职业病诊断指标。职业病诊断标准中,作为职业病诊断依据的症状、体征和实验室检查的特异性或非特异性指标。

(3)法定职业病

职业病是一种人为的疾病。它的发生率与患病率的高低,直接反映疾病预防控制工作的水平。世界卫生组织对职业病的定义,除医学的含义外,还赋予立法意义,即由国家所规定的"法定职业病"。

法定职业病必须具备四个条件:一是患者主体仅限于企业、事业单位和个体经济组织等用人单位的劳动者;二是必须在从事职业活动的过程中产生;三是必须因接触粉尘、放射性物质和其他有毒、有害物质等职业病危害因素引起;四是必须列入国家规定的职业病范围。

12. 工伤事故常见种类

(1) 电气事故

电气事故是指由电气设备非正常运行或人员操作失误直接或间接造成设备损坏、人员伤亡、环境破坏等后果的事件。电气事故可分为触电事故、静电事故、雷电灾害、射频辐射危害和电路故障五类。触电事故的发生存在以下规律:错误操作和违章作业造成的触电事故多;中青年工人、非专业电工造成的触电事故多;低压设备造成的触电事故多;移动式设备和临时性设备造成的触电事故多;电气连接部位造成的触电事故多;6—9月触电事故多;具有环境特点。

(2) 机械事故

机械事故是指在机械操作过程中,由于设备故障、操作失误、防护措施不到位等原因导致的人员伤亡事件。机械事故的种类包括:机械设备的零部件处于旋转运动状态时造成的伤害;机械设备的零部件处于直线运动状态时造成的伤害;刀具造成的伤害;被加工零部件造成的伤害;电气系统造成的伤害;手用工具造成的伤害;其他伤害。

(3) 焊接切割事故

焊接切割会产生高温热源,操作时,若操作人员违规未穿戴好个人防护用品,飞溅的火花极易烫伤皮肤、灼伤眼睛,引发不可逆损伤。设备漏电、回火处理不当等状况,也常导致操作人员触电、遭受灼烫。该类事故的常见种类包括:火灾、爆炸;触电;烫伤;弧光导致的眼病;粉尘爆炸或引起职业病。

（4）火灾爆炸及危险化学品事故

火灾爆炸事故不仅会破坏工厂的设施和设备，而且会带来严重的人员伤亡。特别是由于爆炸的发生，不像火灾那样，根本没有初期灭火或疏散等机会。危险化学品事故同样是导致工伤的重要原因之一。包装破损、违规混放等行为，极易导致危险化学品泄漏。人员一旦吸入或接触这些泄漏的物质，就可能发生中毒事故。而如果泄漏的危险化学品遇到明火，火灾爆炸事故就可能随之发生，给企业带来极其惨重的损失。

（5）起重事故

很多企业生产过程中都包含起重作业。起重事故一般是指在起重作业过程中发生的，导致人员伤亡、财产损失、设备损坏或者对周边环境产生不良影响的意外事件。起重事故的类型包括坠落事故、触电事故、挤伤事故、机毁事故和其他事故，主要原因包括挤压碰撞人、触电（电击）、高处坠落、吊物（具）坠落砸人、机体倾翻等。

（6）厂内运输事故

该类事故常见种类包括车辆伤害、物体打击、高处坠落、火灾爆炸等。其中以车辆伤害为主，其原因是多方面的，主要包括人（驾驶员、行人、装卸工）、车（机动车与非机动车）、道路环境三个综合因素。在这三个因素中，人是最为重要的因素。

（7）建筑施工事故

建筑施工中最常见的事故为高处作业事故。在距坠落基准面2米及2米以上有可能坠落的高处进行的作业均称为高处作业。另外，建筑施工工伤的其他来源包括瓦工作业、抹灰作业、木工作业、钢筋工作业、架子工作业以及施工现场机动车驾驶作业。

（8）矿山事故

矿山事故是指在矿山开采、挖掘、运输等作业环节中，因各类危险因素引发的，致使矿工身体受到伤害的意外事件。例如，冒顶片帮时顶板突然垮塌，矿工躲避不及被砸伤；瓦斯爆炸瞬间释放巨大能量，造成烧伤、冲击伤；矿车脱轨，矿工被甩落受伤等。矿山事故既严重威胁矿工生命安全，也影响矿山的正常生产经营。

电气设备电路要好好维护，以免发生火灾等意外事故。

（9）道路交通事故

在工伤认定工作中，道路交通事故是指职工在上下班途中或因工作需要外出时，于道路上发生非本人主要责任的交通事故。例如，职工驾车去拜访客户，途中突遭其他车辆违规变道撞击，身负重伤；职工骑电瓶车通勤，因雨天路滑被机动车碰撞摔倒。这类事故既让职工身体承受痛苦，也可能给企业带来赔偿压力，干扰正常的工作秩序。

13. 造成事故的不安全行为与不安全心理

（1）不安全行为

一般地说，凡是能够或可能导致事故发生的人为错误均属于不安全行为。《企业职工伤亡事故分类》(GB 6441—1986)中规定的 13 大类不安全行为如下：

1）操作错误，忽视安全，忽视警告。

2）造成安全装置失效。

3）使用不安全设备。

4）手代替工具操作。

5）物体（指成品、半成品、材料、工具、切屑和生产用品等）存放不当。

6）冒险进入危险场所。

7）攀、坐不安全位置（如平台护栏、汽车挡板、吊车吊钩）。

8）在起吊物下作业、停留。

9）机器运转时从事加油、修理、检查、调整、焊接、清扫等工作。

10）分散注意力的行为。

11）在必须使用个人防护用品用具的作业或场合中，忽视其使用。

12）不安全装束（如在有旋转零部件的设备旁作业时穿肥大服装，操纵带有旋转零部件的设备时戴手套）。

13）对易燃、易爆等危险物品处理错误。

（2）不安全心理

根据大量的工伤事故案例分析，导致职工发生职业伤害事故最常见的不安全心理主要有以下几种。

1）自我表现心理——"虽然我进厂时间短，但我年轻、聪明，干这活儿不在话下。"

2）经验心理——"多少年一直都是这样干的，干了多少遍了，不会有问题。"

3）侥幸心理——"完全照操作规程做太麻烦了，变通一下也不一定会出事吧。"

4）从众心理——"他们都没戴安全帽，我也不戴了。"

5）逆反心理——"凭什么听班长的呀？今天我就这么干，我就不信会出事。"

6）反常心理——"早上孩子肚子疼，自己去了医院，也不知道是什么病，真担心。"

案例解读

某日，某厂生产一班皮带操作人员张某、和某两人打扫4号给矿皮带附近的场地，清理积矿。张某清扫完非人行道上的积矿后，准备到人行道上帮助和某清扫。为图方便，张某拿着1.7米长的铁铲违章从4号给矿皮带与5号给矿皮带之间穿越（当时，4号给矿皮带正以每秒2米的速度运行，5号给矿皮带已停运）。此时，张某手里拿的铁铲触及4号给矿皮带的张紧轮，铁铲和人一起被卷到了皮带张紧轮上。铁铲的木柄被折成两段弹了出去，而张某的头部被顶在张紧轮外的支架上，在高速运转的皮带挤压下，导致其头骨破裂，当场死亡。

这起事故的直接原因是张某安全意识淡薄，自我保护意识极差，严重违反了皮带操作工安全操作规程中关于"严禁穿越皮带"的规定。事后据调查，张某曾多次违章穿越皮带，属于习惯性违章。正是他的违章行为，导致了这次人员死亡事故的发生。

这起事故给人们的教训是，企业应设置有效的安全防护设施，提高设备的本质安全水平。同时，对职工要加强教育，增强其安全意识，杜绝造成事故的不安全行为和不安全心理。

14. 安全生产教育和培训

《中华人民共和国安全生产法》第二十八条规定，生产经营单位应当对从业人员进行安全生产教育和培训，保证从业人员具备必要的安全生产知识，熟悉有关的安全生产规章制度和安全操作规程，掌握本岗位的安全操作技能，了解事故应急处理措施，知悉自身在安全生产方面的权利和义务。未经安全生产教育和培训合格的从业人员，不得上岗作业。

（1）安全生产教育和培训的对象

1）生产经营单位应当进行安全生产教育和培训的对象包括主要负责人、安全生产管理人员、特种作业人员和其他从业人员。

2）生产经营单位使用被派遣劳动者的，应当将被派遣劳动者纳入本单位从业人员统一管理，对被派遣劳动者进行岗位安全操作规程和安全操作技能的教育和培训。劳务派遣单位应当对被派遣劳动者进行必要的安全生产教育和培训。

3）生产经营单位接收中等职业学校、高等学校学生实习的，应当对实习学生进行相应的安全生产教育和培训，提供必要的个人防护用品。学校应当协助生产经营单位对实习学生进行安全生产教育和培训。

（2）安全生产教育和培训的核心目的

1）统一思想，提高认识。通过安全生产教育和培训，把职工的思想统一到"安全第一、预防为主、综合治理"的方针上来，使生产经营管理者和各级领导真正把安全摆在"第一"的位置，在从事生产经营管理活动中坚持"五同时"的基本原则；使广大职工认识到安全生产的重要性，从"要我安全"变为"我要安全""我会安全"，做到"三不伤害"，（即不伤害自己、不伤害他人、不被他人所伤害），提高自觉抵制"三违"（即违章指挥、违章操作、违反劳动纪律）的能力。

2）提高企业的安全生产管理水平。安全生产管理包括对全体职工的安全生产管理，对设备、设施的安全技术管理和对作业环境的劳动卫生管理。通过安全生产教育和培训，提高各级领导干部的安全生产政策执行水平，掌握有关安全生产法律法规、制度，学习应用先进的安全生产管理方法、手段，提高全体职工在各自工作范围内对设备、设施和作业环境的安全生产管理能力。

3）提高全体职工的安全知识和安全技能水平。安全知识包括对生产活动中存在的各类危险因素和危险源的辨识、分析、预防、控制等知识，安全技能包括安全操作的技巧、紧急状态的应变能力以及应对事故状态的急救、自救和处理能力。通过安全生产教育和培训，使广大职工掌握安全生产知识，提高安全操作水平，发挥自防自控的自我保护及相互保护作用，从而有效地防止事故发生。

（3）安全生产教育和培训的内容

安全生产教育和培训的内容主要包括思想教育、法治教育、知识教育和技能训练。

1）思想教育主要是安全生产方针政策教育、形势任务教育和重要意义教育等。通过形式多样、丰富多彩的安全生产教育和培训，使各级经营管理者牢固地树立起"安全第一"的思想，正确处理各自业务范围内的安全与生产、安全与效益的关系；主动采取事故预防措施；提升安全意识，激励安全动机，自觉采取安全行为。

2）法治教育主要是法律法规教育、执法守法教育、权利义务教育等。通过法治教育，使企业的各级管理者和全体职工知法、懂法、守法，以法规为准绳约束自己，履行自己的义务，以法律为武器维护自己的权利。

3）知识教育主要是安全生产管理、安全技术和劳动卫生知识教育。通过知识教育，使企业的各级经营管理者了解和掌握安全生产规律，熟悉自己业务范围内必需的安全生产管理理论和方法及相关的安全技术、劳动卫生知识,提高安全生产管理水平;使全体职工掌握各自必要的安全技术,提高企业的整体安全素质。

4)技能训练主要是针对各个不同岗位或工种的从业人员所必需的安全生产方法和手段的训练,如安全操作技能训练、危险预知训练、紧急状态事故处理训练、自救互救训练、消防演习、逃生避险训练等。通过技能训练,使从业人员掌握必备的安全生产技能与技巧。

15. 安全生产规章制度

(1)安全生产规章制度的定义

安全生产规章制度是指生产经营单位依据有关法律法规、国家和行业标准,结合生产经营过程中的安全生产实际,以生产经营单位名义起草颁发的有关安全生产的规范性文件,一般包括规程、标准、规定、措施、办法、制度、指导意见等。

安全生产规章制度是生产经营单位落实有关安全生产法律法规、国家和行业标准,贯彻国家安全生产方针政策的行动指南,有效防范生产经营过程中安全生产风险,保障从业人员安全和健康,加强安全生产管理的重要措施。

(2)建立安全生产规章制度的意义

1)生产经营单位必须依法建立健全以安全生产责任制为核心的安全生产规章制度体系。安全生产规章制度是生产经营单位规章制度的重要组成部分,是有关法律、法规、标准在生产经营单位安全生产中的具体落实,是统一全体从业人员从事安全生产的行为准则。因此,一切生产经营单位都必须建立健全完善的既符合有关法律、法规、标准，又符合生产经营单位生产经营管理实际的安全生产规章制度体系。

2）建立健全安全生产规章制度是生产经营单位安全生产的重要保障。生产经营单位需要对生产工艺过程、机械设备、人员操作进行系统分析、评价，制定出一系列的操作规程和安全控制措施，以保障生产经营工作合法、有序、安全地运行，将安全风险降到最低。在长期的生产经营活动中，生产经营单位积累了大量的安全风险防范措施，这些措施只有形成安全生产规章制度，才能有效地得到继承和发扬。

3）建立健全安全生产规章制度是生产经营单位保护从业人员安全与健康的重要手段。只有通过安全生产规章制度的约束，才能防止生产经营单位安全生产管理的随意性，才能使从业人员进一步明确自己的安全生产义务，有效地保障从业人员的合法权益。同时，也为从业人员在生产经营过程中遵章守纪提供明确的标准和依据。

（3）安全生产规章制度的主要内容

生产经营单位制定的安全生产规章制度的主要内容包括安全生产教育和培训制度、安全检查制度、安全生产奖惩制度、事故的报告和处理制度、个人防护用品管理制度、设备安全管理制度、危险作业管理制度、安全操作规程等，特殊或专项作业项目的安全生产规章制度可结合项目自身要求加以制定。

16. 作业现场安全信息

（1）安全色

安全色是指传递安全信息含义的颜色，包括红色、黄色、蓝色、绿色四种颜色。它以醒目的色彩向人们提供禁止、警告、指令、提示等安全信息。

1）红色传递禁止、停止、危险或提示消防设备设施的信息。禁止使用、停止使用和有危险的器件设备或环境涂以红色的标记，如禁止标志、交通禁令标志、消防设备等。

2）黄色传递注意、警告的信息。警告人们需要注意的器件、设备或环境涂以黄色标记，如警告标志、交通警告标志等。

3）蓝色传递必须遵守规定的指令性信息，如必须佩戴个人防护用品标志、交通指示标志等。

4）绿色传递安全的提示性信息。可以通行或安全的情况涂以绿色标记，如允许通行标志、机器启动按钮、安全信号旗等。

（2）对比色

对比色是为了使安全色更加醒目所用的反衬色。

对比色有黑和白两种颜色。黄色安全色的对比色为黑色，红色、蓝色、绿色安全色的对比色均为白色，而黑、白两色互为对比色。

1）黑色用于安全标志的文字、图形符号，警告标志的几何边框和公共信息标志等。

2）白色既可作为安全标志中红、蓝、绿安全色的背景色，也可用于安全标志的文字和图形符号，以及安全通道、交通的标线、铁路站台上的安全线等。

3）红色与白色相间的条纹比单独使用红色更加醒目，表示禁止通行、禁止跨越等，用于公路交通等方面的防护栏杆及隔离墩。

4）黄色与黑色相间的条纹比单独使用黄色更为醒目，表示要特别注意，用于起重吊钩、剪板机压紧装置、冲床滑块等。

5）蓝色与白色相间的条纹比单独使用蓝色醒目，用于指示方向，多为交通指导性导向标。

（3）安全线

安全线是指工矿企业中用以划分安全区域与危险区域的分界线。厂房内安全通道的标示线、铁路站台上的安全线都是常见的安全线。在生产过程中，有了安全线的标示，人们就能区分安全区域和危险区域，有利于人们对危险区域的认识和判断。

（4）安全标志

安全标志由图形符号、安全色、几何形状（边框）或文字构成，用以表达特定的安全信息。使用安全标志的目的是提醒人们注意不安全因素，防止事故发生，起到保障安全的作用。当然，安全标志本身并不能消除任何危险，也不能取代预防事故的相应设施。

1）安全标志的类型。安全标志分为禁止标志、警告标志、指令标志和提示标志四大类。

①禁止标志是禁止人们不安全行为的图形标志。其基本形式为带斜杠的圆边框。圆环和斜杠为红色，图形符号为黑色，衬底为白色。

禁止跨越

禁止吸烟

禁止饮用

②警告标志是提醒人们对周围环境引起注意，以避免可能发生危险的图形标志。其基本形式是正三角形边框。三角形边框及图形为黑色，衬底为黄色。

当心火灾　　　　　注意安全　　　　　当心触电

③指令标志是强制人们必须做出某种动作或采用防范措施的图形标志。其基本形式是圆形边框。图形符号为白色，衬底为蓝色。

必须戴安全帽　　　必须戴防尘口罩　　必须佩戴安全带

④提示标志是向人们提供某种信息的图形标志。其基本形式是正方形边框。图形符号为白色，衬底为绿色。

避险处　　　　　　紧急出口　　　　　可动火区

2）使用安全标志的相关规定。在有较大危险因素的生产经营场所或者有关设施设备上，必须依法设置明显的安全标志，以提醒、警告职工，使他们能时刻清醒地认识到所处环境的危险，提高注意力，加强自身安全保护。

在设置安全标志方面，我国已有诸多相关法律法规。如《中华人民共和国安全生产法》规定，生产经营单位应当在有较大危险因素的生产经营场所和有关设施设备上，设置明显的安全警示标志。安全标志必须符合国家标准。设置的安全标志，未经有关部门批准，不准移动和拆除。

17. 职业病的特点与分类

（1）职业病的特点

1）职业病的病因是明确的，即由于劳动者在职业活动过程中长期受到来自化学、物理、生物的职业病危害因素的侵害，或长期受不良的作业方法、恶劣的作业条件的影响。这些因素及影响对职业病的起因，直接或间接地、个别或共同地发生作用。例如，职业性苯中毒是劳动者在职业活动中接触苯引起的；尘肺是劳动者在职业活动中吸入相应的粉尘引起的。

2）疾病发生与劳动条件密切相关。职业病的发生与生产环境中有害因素的数量或强度、作用时间、劳动强度及个人防护等因素密切相关。例如，急性中毒的发生，多由短期内大量吸入毒物引起；慢性职业中毒，则多由长期吸收较少量的毒物蓄积引起。

3）所接触的病因大多是可以检测的，而且其浓度或强度需要达到一定的程度，才能使劳动者致病，一般接触职业病危害因素的浓度或强度与病因有直接关系。

4）职业病不同于事故或突发性疾病，其病症要经过一个较长的逐渐形成期或潜伏期后才能显现，属于缓发性伤残。

5）职业病具有群体性发病特征，在接触同样有害因素的人群中，多是同时或先后出现一批相同的职业病患者，很少出现仅有个别人发病的情况。

6）由于职业病多表现为体内生理器官或生理功能的损伤，因而是只见"病症",不见"伤口"。

7)大多数职业病如能早期诊断、及时治疗、妥善处理,则预后较好。但有的职业病(如矽肺、煤工尘肺等)属于不可逆性损伤,很少有痊愈的可能,只能对症处理、减缓进程、故发现越晚,疗效越差。

8)除职业性传染病外,治疗个体无助于控制人群发病,必须有效"治疗"有害的工作环境。从病因上来说,职业病是完全可以预防的,发现病因,改善劳动条件,控制职业病危害因素,即可减少职业病的发生。

9)在同一生产环境从事同一工种的人群中,个体发生职业性损伤的概率和程度也有差别。

10)职业病的范围日趋扩大。随着科学技术进步和国家经济实力的提高,越来越多的职业病将被发现,所以职业病分类和目录将被逐步调整。

(2)职业病分类

2024年12月11日,国家卫生健康委、人力资源社会保障部、国家疾控局、全国总工会联合调整《职业病分类和目录》,自2025年8月1日起实施。新版目录将职业病分为12类135种,具体包括:职业性尘肺病及其他呼吸系统疾病(尘肺病13种,其他呼吸系统疾病6种),职业性皮肤病(9种),职业性眼病(3种),职业性耳鼻喉口腔疾病(4种),职业性化学中毒(59种),物理因素所致职业病(7种),职业性放射性疾病(13种),职业性传染病(5种),职业性肿瘤(11种),职业性肌肉骨骼疾病(2种),职业性精神和行为障碍(1种),其他职业病(2种)。

18. 职业病危害因素

（1）职业病危害因素的来源

1）生产工艺过程。职业病危害因素随着生产技术、机器设备、使用材料和工艺流程变化不同而变化，如与生产过程有关的原材料、工业毒物、粉尘、噪声、振动、高温、辐射及传染性因素等有关。

2）劳动过程。职业病危害因素与生产工艺的劳动组织情况、生产设备布局、生产制度与作业人员体位和方式以及智能化的程度有关。

3）作业环境。职业病危害因素与作业场所的环境有关，如室外不良气象条件以及室内由于厂房狭小、车间位置不合理、照明不良与通风不畅等因素都会对作业人员产生不利影响。

（2）职业病危害因素分类

2015年，国家卫生计生委、国家安全监管总局、人力资源社会保障部和全国总工会联合发布的《职业病危害因素分类目录》将职业病危害因素分为六大类，包括粉尘（52种）、化学因素（375种）、物理因素（15种）、放射性因素（8种）、生物因素（6种）、其他因素（3种），具体内容可查阅该目录。

19. 职业健康监护

（1）职业健康监护概念

职业健康监护属于二级预防范畴，目的是通过早期检查、早期发现疾病，及时采取预防措施。职业健康监护的定义为：以预防为目的，根据劳动者的职业接触史，通过定期或不定期的医学健康检查和健康相关资料的收集，连续性地监测劳动者的健康状况，分析劳动者健康变化与所接触的职业病危害因素的关系，并及时地将健康检查和资料分析结果报告给用人单位和劳动者本人，以便及时采取干预措施，保护劳动者健康。职业健康监护主要包括职业健康检查、离岗后健康检查、应急健康检查和职业健康监护档案管理等内容。

（2）职业健康监护的目的

1）早期发现职业病、职业健康损害和职业禁忌证。

2）跟踪观察职业病及职业健康损害的发生、发展规律及分布情况。

3）评价职业健康损害与作业环境中职业病危害因素的关系及危害程度。

4）识别新的职业病危害因素和高危人群。

5）进行目标干预，包括改善作业环境条件，改革生产工艺，采用有效的防护设施和个人防护用品，对职业病患者及疑似职业病和有职业禁忌证人员的处理与安置等。

6）评价预防和干预措施的效果。

7）为制定或修订卫生政策和职业病防治对策服务。

（3）职业健康检查

职业健康检查包括上岗前、在岗期间、离岗时职业健康检查。

1）上岗前职业健康检查。上岗前健康检查的主要目的是发现有无职业禁忌证，建立接触职业病危害因素人员的基础健康档案。上岗前健康检查均为强制性职业健康检查，应在开始从事有害作业前完成。下列人员应进行上岗前健康检查：①拟从事接触职业病危害因素作业的新录用人员，包括转岗到该种作业岗位的人员。②拟从事有特殊健康要求作业（如高处作业、电工作业、职业机动车驾驶作业等的人员）。

2）在岗期间职业健康检查。长期从事规定的需要开展健康监护的职业病危害因素作业的劳动者，应进行在岗期间的定期健康检查。定期健康检查的目的主要是早期发现职业病病人或疑似职业病病人或劳动者的其他健康异常改变；及时发现有职业禁忌证的劳动者；通过动态观察劳动者群体健康变化，评价工作场所职业病危害因素的控制效果。定期健康检查的周期根据不同职业病危害因素的性质、工作场所有害因素的浓度或强度、目标疾病的潜伏期和防护措施等因素决定。

3）离岗时职业健康检查。劳动者在准备调离或脱离所从事的职业病危害的作业或岗位前，应进行离岗时健康检查，主要目的是确定其在停止接触职业病危害因素时的健康状况。最后一次在岗期间的健康检查是在离岗前的90日内，可视为离岗时检查。

（4）离岗后医学随访检查

一些职业病危害因素具有慢性健康影响，所致职业病或职业肿瘤常有较长的潜伏期或潜隐期，故劳动者脱离接触后仍有可能发生职业病。离岗后健康检查时间的长短应根据有害因素致病的流行病学及临床特点、劳动者从事该作业的时间长短、工作场所有害因素的浓度等因素综合考虑确定。

（5）应急健康检查

当发生急性职业病危害事故时，根据事故处理的要求，对遭受或者可能遭受急性职业病危害的劳动者，应及时组织健康检查。依据检查结果和现场劳动卫生学调查，确定危害因素，为急救和治疗提供依据，控制职业病危害的继续蔓延和发展。应急健康检查应在事故发生后立即开始。

从事可能产生职业性传染病作业的劳动者，在疫情流行期或近期密切接触传染源者，应及时开展应急健康检查，随时监测疫情动态。

Tips 相关链接

职业病的"三级预防"的内容如下：

一级预防又称病因预防，是从根本上消除或控制职业病危害因素对人的作用和损害，即改进生产工艺和生产设备，合理利用防护设施及个人防护用品等，以减少或消除劳动者接触职业病危害因素的机会。

二级预防是早期检测和诊断人体受到职业病危害因素所致的健康损害并予以早期治疗、干预。其主要手段是定期进行职业病危害因素的识别与检测、对劳动者进行定期职业健康检查、加强新型生物监测指标的应用以及推进职业病的诊断和鉴定等，以早期发现病损和诊断疾病，特别是早期健康损害的发现，及时预防、处理。

三级预防是指在劳动者患职业病以后，给予积极治疗和促进康复的措施，包括：对已有健康损害的接触者应调离原有工作岗位，并给予合理的治疗；对生产环境和工艺过程进行改进；促进患者康复，预防并发症的发生和发展。

第3章 危险化学品基础知识

20. 危险化学品的定义与分类

（1）危险化学品的定义

危险化学品是指具有毒害、腐蚀、爆炸、燃烧、助燃等性质，对人体、设施、环境具有危害的剧毒化学品和其他化学品。

具有实际操作意义的定义是：应急管理部公布的《危险化学品名录》（以下简称《名录》）中所列的化学品为危险化学品。除了已公认不是危险化学品的物质（如纯净食品、水、食盐等）之外，《名录》中未列的化学品一般应经实验加以鉴别认定。符合标准规定的危险化学品一般都以它们的燃烧性、爆炸性、毒性、反应活性（包括腐蚀性）为判断指标。

具有毒害、腐蚀、爆炸、燃烧、助燃等性质，对人体、设施、环境具有危害的剧毒化学品和其他化学品，统称危险化学品。

（2）危险化学品的分类

目前，国际通用的危险化学品分类标准有两个：一个是联合国《关于危险货物运输的建议书规章范本》，规定了9类危险货物的运输分类标准；另一个是《全球化学品统一分类和标签制度》（GHS制度），将化学品的危害性分为27项，其中物理危害16项，健康危害10项，环境危害1项。若化学品含有这27项危害中的一项或多项，则被定义为危险化学品。

我国的危险化学品分类的主要依据是《化学品分类和标签规范 第1部分：通则》（GB 30000.1—2024）和《危险货物分类和品名编号》（GB 6944—2012）。

1)《化学品分类和标签规范 第1部分：通则》（GB 30000.1—2024）按照物理危险对化学品做出了分类：爆炸物，易燃气体，气雾剂（气溶胶）和加压化学品，氧化性气体，加压气体，易燃液体，易燃固体，自反应物质和混合物，发火液体（自燃液体），发火固体（自燃固体），自热物质和混合物，遇水放出易燃气体的物质和混合物，氧化性液体，氧化性固体，有机过氧化物，金属腐蚀物，退敏爆炸物。

2)《危险货物分类和品名编号》（GB 6944—2012）按危险货物具有的危险性或最主要的危险性分为以下9个类别。

第1类：爆炸品。第1项为有整体爆炸危险的物质和物品；第2项为有迸射危险，但无整体爆炸危险的物质和物品；第3项为有燃烧危险并有局部爆炸危险或局部迸射危险或这两种危险都有，但无整体爆炸危险的物质和物品；第4项为不呈现重大危险的物质和物品；第5项为有整体爆炸危险的非常不敏感物质；第6项为无整体爆炸危险的极端不敏感物品。

第2类：气体。第1项为易燃气体；第2项为非易燃无毒气体；第3项为毒性气体。

第3类：易燃液体。

第4类：易燃固体、易于自燃的物质、遇水放出易燃气体的物质。第1项为易燃固体、自反应物质和固体退敏爆炸品；第2项为易于自燃的物质；第3项为遇水放出易燃气体的物质。

第5类：氧化性物质和有机过氧化物。第1项为氧化性物质；第2项为有机过氧化物。

第 6 类：毒性物质和感染性物质。第 1 项为毒性物质；第 2 项为感染性物质。

第 7 类：放射性物质。

第 8 类：腐蚀性物质。

第 9 类：杂项危险物质和物品，包括危害环境物质。

2025 年 3 月 28 日，国家市场监督管理总局和国家标准化管理委员会发布了《危险货物分类和品名编号》（GB 6944—2025），并于 2025 年 10 月 1 日起强制实施，届时将全面替代《危险货物分类和品名编号》（GB 6944—2012）。《危险货物分类和品名编号》（GB 6944—2025）与联合国《关于危险货物运输的建议书 规章范本》（第 23 修订版）的技术内容一致。

21. 危险化学品标志

（1）危险化学品标志的作用

危险化学品标志是通过图案、文字说明、颜色等信息，鲜明、简洁地表征危险化学品的危险特性和类别，向作业人员传递安全信息的警示性资料。

（2）危险化学品标志的分类

《危险货物包装标志》（GB 190—2009）规定了危险货物包装图示标志的分类图形、尺寸、颜色及使用方法等。标志分为标记和标签。

标记4个，标签26个，其图形分别标示了9类危险货物的主要特性。危险化学品的安全标志设有主标志16种，副标志11种。主标志是由表示危险特性的图案、文字说明、底色和危险品类别组成的菱形标志。副标志中没有危险性类别号。

（3）危险化学品标志的使用方法

当某种危险化学品具有一种以上的危险性时，应用主标志表示主要危险性类别，并用副标志来表示重要的其他的危险性类别。例如，丙烯腈具有易燃性质和有毒性质，主要危险性质是易燃，则主标志是易燃液体标志，副标志是毒性物质标志；醋酸具有易燃性质和腐蚀性质，主要危险性是易腐蚀，则主标志是腐蚀性物质标志，副标志是易燃液体标志。标志的使用方法如下。

1）标志的标打：可采用粘贴、钉附及喷涂等方法。

2）标志的位置规定：箱状包装，位于包装端面或侧面的明显处；袋、捆包装，位于包装明显处；桶形包装，位于桶身或桶盖；集装箱、成组货物，粘贴四个侧面。标志应由生产单位在货物出厂前标打，出厂后如改换包装，其标志由改换包装单位标打。

法律提示

《危险化学品安全管理条例》第二十条规定，生产、储存危险化学品的单位，应当在其作业场所和安全设施、设备上设置明显的安全警示标志。

22. 化工生产事故的主要特点与常见原因

（1）化工生产事故的主要特点

在化工生产经营单位中，由于各种原因，危险化学品在生产、运输、储存、销售、使用和废弃物处置等各环节都发生过许多重特大事故，给人民的生命财产造成严重的损失。

化工生产事故有以下突出特点：

1）大量化学物质意外排放或泄漏事故，造成的伤亡极其惨重，损失巨大。

2）化工生产事故对人员造成的损害具有多样性。事故会对受伤害人员各器官系统造成暂时性或永久性的功能或器质性损害，导致急性中毒、慢性中毒或致畸，甚至会造成死亡。而且这些损害不但影响本人，也有可能影响后代。

3）由于化工企业中各种毒物存在范围广、事故易发，导致环境污染问题突出，且难以彻底消除。

4）化工生产事故不受地形、气象影响。无论企业大小、所处地理位置和气象条件如何，事故随时随地都有可能发生。

5）由于化学物质种类多，因此当事故发生后，迅速确定是哪种化学物质引起的伤害十分困难，这对事故发生后的应急救援不利。

（2）化工生产事故的常见原因

1）直接原因。一是机械、物质或环境的不安全状态。例如，安全防护、信号等装置缺乏或有缺陷，设备、设施、工具、附件有缺陷；个人防护用品缺少或有缺陷；生产（施工）场地环境不良等。二是人的不安全行为。例如，操作错误造成安全防护装置失效；使用不安全设备；手代替工具操作；物体存放不当；冒险进入危险场所；违反操作规定，注意力分散，忽视个人防护用品的使用，不安全装束等。

2）间接原因。包括：技术和设计上有缺陷；工业构件、建筑物、机械设备、仪器仪表、工艺过程、操作方法、维修检验等的设计、施工和材料使用存在问题；企业对职工的安全生产教育和培训不够，职工缺乏或不懂安全操作技术知识；企业劳动组织不合理，对现场工作缺乏检查或指导错误；企业没有安全操作规程或不健全；企业没有或不认真实施事故防范措施，对事故隐患整改不力等。

3）其他原因。除了上述原因之外，还有制造缺陷、化学腐蚀、管理缺陷、纪律松弛等，尤其是那些常见多发事故，主要是违章作业、设备维护不周、操作失误所致。

23. 易燃物品管理规范

（1）易燃液体的危险特性

1）易燃性：易燃液体属于蒸气压较大、容易挥发出足以与空气混合形成可燃混合气体的液体，其着火所需的能量极小，遇火、受热以及和氧化性物质接触时都有发生燃烧的危险。

2）爆炸性：当易燃液体挥发出的蒸气与空气混合形成的混合气体达到爆炸极限浓度时，一旦点燃就会发生爆炸。

3）热膨胀性：易燃液体主要是盛装在容器之中，膨胀系数比较大。储存于密闭容器中的易燃液体受热后体积膨胀，若膨胀产生的压力超过容器的压力限度，就会造成容器膨胀甚至爆裂，在容器爆裂时会产生火花而引起燃烧爆炸。

4）流动扩散性：液体具有流动扩散性，易燃液体泄漏后扩大的表面积，使其能够源源不断地挥发，形成密度比空气大且易积聚的易燃蒸气，从而增加了燃烧爆炸的危险性。

5）易产生或聚集静电：易燃液体的流动性，使其可与不同性质的物体（如容器壁）在相互摩擦或接触时易积聚静电，当静电积聚到一定程度时就会放电，产生静电放电火花而引起可燃性蒸气混合物的燃烧爆炸。

6）毒性：大多数易燃液体及其蒸气均具有不同程度的毒性，吸入后能引起急性、慢性中毒。

（2）易燃液体的安全事项

1）易燃液体的存放：闪点低于 23 ℃的易燃液体，其仓库温度一般不得超过 30 ℃，低沸点的品种须采取降温式冷藏措施。需大量储存的易燃液体（如苯、醇、汽油等），一般可用储罐存放。储罐可以露天，但气温在 30 ℃以上时应采取降温措施。储存易燃液体区域的机械设备必须防爆，并有导除静电的接地装置。

2）易燃液体的装卸和搬运：在装卸和搬运易燃液体时，严禁滚动、摩擦、拖拉等危及安全的操作。作业时禁止使用易发生火花的铁制工具及穿带铁钉的鞋。

3）易燃液体的灭火方法：灭火方法主要根据易燃液体密度的大小、能否溶于水和灭火剂来确定。易燃液体大多具有麻醉性和毒性，灭火时应站在上风向和利用现场的掩护，穿戴必要的个人防护用品，采用正确的灭火方法和战术。

(3) 易燃固体的危险特性

1) 燃点较低: 易燃固体的燃点比较低, 一般都在 300 ℃以下, 在常温下遇到能量很小的着火源就能被点燃。如金属镁、铝粉、硫黄、樟脑等。

2) 爆炸性: 易燃固体燃烧时会产生大量气体, 导致密闭空间内气体体积迅速膨胀而爆炸; 作为还原剂与酸类、氧化性物质等接触时, 易发生剧烈反应引起燃烧或爆炸; 各种粉尘飞散到空气中, 达到一定浓度后遇明火会发生粉尘爆炸。

3) 有些易燃固体受到摩擦、撞击、震动会引起剧烈连续的燃烧或爆炸。

4) 易燃固体本身或其燃烧产物有毒性或腐蚀性: 有些易燃固体本身具有毒性; 有些易燃固体在燃烧时会产生大量的有毒气体或腐蚀性的物质, 其毒性较大。

5) 遇湿易燃性: 部分易燃固体不仅具有遇火受热的易燃性, 而且还具有遇湿易燃性。

6) 自燃性: 易燃固体中的赛璐珞、硝化棉及其制品在积热不散条件下, 易自燃起火。

(4) 易燃固体的安全事项

1) 包装: 盛装遇空气或潮气能引起反应的物质时, 其容器须气密封口。

2) 装卸与搬运: 作业时要注意轻拿轻放, 远离火种和热源, 避免摔碰、撞击、拖拉、摩擦、翻滚等外力作用, 防止容器或包装破损。

3) 存放与保管: 易燃固体应存放于阴凉、通风、干燥场所, 防止日晒, 隔绝热源和火种, 与酸类、氧化性物质等其他性质相抵触物质必须隔离存放。

4）撒漏处理：撒漏的物品应谨慎收集、妥善处理。

24. 毒性物质管理规范

（1）毒性物质的危险特性

1）毒性：毒性是毒性物质最显著的特性。

2）遇水、遇酸反应性：大多数毒性物质遇酸或酸雾会分解并放出有毒的气体或烟雾，部分毒性物质具有易燃性和自燃性，有的毒性物质遇水甚至会发生爆炸。

3）氧化性：有些毒性物质还具有氧化性，一旦与还原性强的物质接触，容易引起燃烧爆炸，并产生毒性极强的气体。

4）易燃易爆性：许多有机毒性物质具有易燃性，它们能与氧化性物质发生反应，遇明火会发生燃烧爆炸，放出有毒气体或烟雾。

（2）毒性物质的安全事项

1）包装：易挥发的液态毒性物质容器应气密封口，其他的液态有毒品应液密封口；盛装固态毒性物质的容器应严密封口，以防止包装破损。

2）装卸与搬运：毒性物质装卸车前应先行通风。

3）存放与保管：毒性物质应存放在阴凉、通风、干燥的库内，不得露天存放。

4）撒漏处理：固态毒性物质撒漏时，应谨慎收集；液态毒性物质渗漏时，可先用沙土、锯末等物吸收，妥善处理。被毒性物质污染的机具、车辆及仓库地面，应进行洗刷除污。

第3章 危险化学品基础知识

> **Tips 相关链接**
>
> 毒性物质装卸、搬运时严禁肩扛、背负，要轻拿轻放，不得撞击、摔碰、翻滚，以防止包装破损。装卸易燃毒性物质时，机具应有防止产生火花的措施。
>
> 毒性物质作业时必须穿戴个人防护用品，在皮肤受损时，应停止或避免对毒性物质的作业，严防皮肤破损处接触毒物；作业时应严禁饮食、吸烟等，作业完毕及时清洁身体后方可饮食。

25. 腐蚀性物质管理规范

（1）腐蚀性物质的危险特性

1）毒性：大多数腐蚀性物质有不同程度的毒性，有些甚至是剧毒品。很多腐蚀性物质可以产生不同程度的有毒气体和蒸气，能造成人体中毒。

2）易燃性：很多腐蚀性物质特别是有机腐蚀性物质具有易燃性。

3）氧化性：有些腐蚀性物质本身虽然不具有可燃性，但具有较强的氧化性，是氧化性很强的氧化剂，当它与某些可燃物接触时会有着火或爆炸的危险。

4）遇水猛烈分解性：有些腐蚀性物质遇水会发生猛烈的分解放热反应，有时还会释放出有害的腐蚀性气体，有可能引燃邻近的可燃物，甚至引发爆炸事故。

（2）腐蚀性物质的安全事项

1）包装：应选用耐腐蚀的容器，并按所装物品状态采用气密封口、液密封口或严密封口，防止泄漏、潮解或撒漏。外包装必须坚固。

2）装卸与搬运：作业前应穿戴耐腐蚀的个人防护用品，对易散发有毒蒸气或烟雾的腐蚀性物质进行装卸作业，还应备有防毒面具。

3）存放与保管：腐蚀性物质应存放在清洁、通风、阴凉、干燥场所，防止日晒、雨淋。

4）撒漏处理：发现液体酸性腐蚀性物质撒漏时，应及时撒上干沙土，清除干净后，再用水冲洗污染处；大量酸液撒漏时，可用石灰水中和。

 相关链接

腐蚀性物质的腐蚀性体现在对人体的伤害、对有机体的破坏和对金属的腐蚀。腐蚀性物质与人体接触，能引起人体组织灼伤或使组织坏死。如果人吸入腐蚀性物质的蒸气或粉尘，呼吸道黏膜及内部器官会受到腐蚀性损伤，引起咳嗽、呕吐、头痛等症状，严重的会引起炎症（如肺炎等），甚至造成死亡。

26. 爆炸品管理规范

（1）爆炸品的危险特性

对撞击、摩擦、温度等非常敏感的爆炸品，爆炸所需的最小起爆能称为该爆炸品的感度。摩擦、撞击、震动、高热，都有可能给爆炸品提供足够的起爆能。所以，对于爆炸品而言，必须严格远离发热源，并避免发生剧烈撞击和摩擦的情况，做到轻拿轻放。火药、炸药、各类弹药、含氮量大于12.5%（质量分数）的硝酸酯类以及含高氯酸大于72%（质量分数）的高氯酸盐类等爆炸品，都对摩擦、撞击、温度等非常敏感。

梯恩梯、硝化甘油、苦味酸、雷汞等爆炸品本身具有一定的毒性，爆炸时会产生一氧化碳、二氧化碳、一氧化氮、二氧化氮、氰化氢、氮气等有毒或窒息性气体，造成人员中毒、窒息和环境污染。

有些爆炸品与某些化学品（如酸、碱、盐）或金属反应可能生成更容易爆炸的化学品。如苦味酸与某些碳酸盐能反应，能生成更易爆炸的苦味酸盐；苦味酸与铜、铁等金属粉末反应，也能生成苦味酸盐。

易产生或聚集静电的爆炸品大多是电的不良导体，在包装、运输过程中容易产生静电，一旦发生静电放电也可引起爆炸。

（2）爆炸品的安全事项

1）包装：包装的材料应与所装爆炸品的性质不相抵触，严密、耐压、防震、衬垫妥实，并有良好的隔热作用，单件包装应符合有关包装的规定。

2）装卸与搬运：在爆炸品的装卸与搬运过程中，开关车门、车窗不得使用铁撬棍、铁钩等铁质工具，必须使用时，应采取具有防火花涂层等防护措施的工具。装卸与搬运时，不准穿铁钉鞋，使用铁轮、铁铲头推车和叉车时应有防火花措施。禁止使用可能发生火花的机具设备，照明应使用防爆灯具。

3）存放与保管：爆炸品必须存放于专用库房内，专用库房应有避雷装置、防爆灯具及低压防爆开关。专用库房应由专人负责保管，库内应保持清洁，并隔绝热源与火源，在温度40℃以上时，要采取通风和降温措施。爆炸品的堆垛间及堆垛与库墙间应有0.5米以上的间隔。库存物要避免日光直晒。

4）撒漏处理：撒漏的爆炸品应及时用水润湿，撒以松软物后轻轻收集，并通知公安和消防人员处理。禁止将收集的撒漏物品装入原包件中。有火灾危险时，应尽可能将爆炸品转移或隔离，不能转移或隔离时，要立即组织人员疏散。

Tips 相关链接

扑救爆炸品火灾时，禁用酸碱灭火器，切忌用沙土覆盖，以免增强爆炸品爆炸时的威力，可用水或其他灭火器灭火。扑救爆炸品堆垛火灾时，应采用吊射水流，避免强力水流直接冲击堆垛，使堆垛倒塌再次发生爆炸。施救人员应佩戴防毒面具。

27. 压缩气体和液化气体管理规范

（1）压缩气体和液化气体的危险特性

1）易燃易爆性：超过半数的压缩气体和液化气体都具有易燃易爆性。压缩气体和液化气体一旦点燃，在极短的时间内就能全部燃尽，爆炸危险性很大，灭火难度也很大。

2）流动扩散性：压缩气体和液化气体能自发地充满任何容器，非常容易扩散。例如，大多数压缩气体和液化气体的密度高于空气的密度，可以远距离扩散，并飘到地表、沟渠、隧道、厂房死角等处，长时间聚集不散，遇火源易发生燃烧或爆炸，扩大火势。

3）受热膨胀性：存于钢瓶中的压缩气体和液化气体通常都具有较高的气压，过度受热将导致瓶内气压大幅攀升，一旦气压超过了容器的耐压强度，就会引起容器破裂发生物理性爆炸，酿成火灾或中毒等事故。

4）易产生或聚集静电：压缩气体和液化气体从管口或破损处高速喷出时，由于强烈的摩擦作用，会产生静电。

5）毒性和腐蚀性：除氧气和压缩空气外，压缩气体和液化气体大都具有一定毒性和腐蚀性。

6）窒息性：压缩气体和液化气体都有一定的窒息性，一旦发生泄漏，若不采取相应的通风措施，能使人窒息死亡。

7）氧化性：具有危险性的压缩气体和液化气体主要有两类，一类是助燃气体，如氧气；另一类是有毒气体，这类气体本身一般不可燃，但氧化性很强，与可燃气体混合后能发生燃烧或爆炸，如氯气与乙炔混合。

(2）压缩气体和液化气体的安全事项

1）包装：盛装此类气体的钢瓶必须按规定达到安全标准。严禁超量、超温、超压灌装，从而造成事故。

2）装卸与搬运：在储存、运输和使用过程中，一定要注意采取有效的防火、防晒、隔热措施。

3）存放和保管：应存放于阴凉通风场所，防止日光暴晒，严禁受热、沾油污，应远离热源、火种。当库内温度超过40 ℃时，应采取通风降温措施。气瓶平卧放置时，堆垛不得超过5层，瓶头朝向相同，瓶身应填塞妥实，防止滚动；气瓶立放时，要放置稳固，最好用框架或栅栏围护固定，防止倒塌，并留出通道。

4）泄漏处理：气瓶的阀门松动漏气时，应立即拧紧；如无法关闭，可将气瓶浸入冷水或石灰水中（氨气瓶只能浸入水中）；液化气体容器破裂时，应立即将裂口部位朝上放置。

 **相关链接**

对人畜有强烈的毒害、窒息、灼伤、刺激作用的气体有硫化氢、氰化氢、氯气、氟气、氢气等,它们通常还对设备有严重的腐蚀破坏作用。例如,硫化氢能腐蚀设备,从而削弱设备的耐压强度,严重时可导致设备产生裂缝而漏气,甚至引起火灾等事故;氢原子在高压下渗透到碳素钢中去,使金属容器发生"氢脆"。因此,对盛装腐蚀性气体的容器,要采取一定的密封与防腐措施。

28. 氧化性物质和有机过氧化物管理规范

(1) 氧化性物质和有机过氧化物的危险特性

1) 氧化性物质:具有氧化性或助燃性的物质与还原性物质接触时,可发生剧烈的放热反应,表现出很强的氧化性。这些氧化性物质和有机过氧化物虽然本身不能燃烧,但能够放出氧气或其他助燃的气体。

2) 受热分解性:氧化性物质和有机过氧化物本身性质不稳定,在受到热冲击(包括明火、撞击、震动、摩擦)时可能发生迅速分解,分解出氧原子并产生大量的气体和热量。

3) 可燃性:除有机硝酸盐类具有可燃性并能酿成火灾外,大多数氧化性物质和有机过氧化物都是不燃物质。

4) 自燃性:与可燃液体作用的氧化性物质和有机过氧化物的化学性质活泼,能与一些可燃液体发生氧化放热反应而自燃。

5) 与酸作用的分解性:大多数氧化性物质和有机过氧化物在酸性条件下氧化性更强,甚至会燃烧或爆炸。

6）与水作用的分解性：大多数氧化性物质和有机过氧化物具有不同程度的吸水性，吸水后会溶化、流失或变质。

7）强氧化性物质与弱氧化性物质作用的分解性：在氧化性物质和有机过氧化物中，强氧化性物质与弱氧化性物质相互接触能发生复分解反应，产生高热，从而燃烧或爆炸。

8）毒性和腐蚀性：氧化性物质和有机过氧化物通常都具有很强的毒性和腐蚀性，它们既能灼伤皮肤，还能致人中毒。

（2）氧化性物质和有机过氧化物的安全事项

1）包装：包装和衬垫材料应与所装物性质不相抵触。

2）装卸与搬运：在装卸与搬运时，应特别注意它们的氧化性和爆炸性并存的双重危险性，有些氧化性物质和有机过氧化物在运输时为了保证安全必须加入稳定剂来退敏。

3）存放与保管：应单独存放与保管，存放的仓库应保持阴凉通风，避免日晒、受潮、受热，远离酸类和可燃物。

4）撒漏处理：氧化性物质撒漏时，应先扫除干净，再用水冲洗。

 相关链接

氧化性物质和有机过氧化物在运输时，有些为了保证安全必须加入稳定剂来退敏，有些在运输时还需要控制温度。装车前，车内应打扫干净，保持干燥，不得残留有酸类和粉状可燃物。卸车前，应先通风后作业。装卸和搬运时，要避免摔碰、撞击、拖拉、翻滚、摩擦和剧烈震动，防止引起爆炸，对氯酸盐等有机过氧化物更应特别注意。搬运工具上不得残留有杂质，托盘和手推车尽量专用，装卸机具应有防止发生火花的防护装置。

第4章 危险化学品生产经营全流程工伤预防

29. 危险化学品生产过程工伤预防

（1）危险化学品生产加热过程中的安全事项

危险化学品生产中常用的加热方式有直接火加热（包括烟道气加热）、蒸汽或热水加热、热载体（有机载体或无机载体）加热以及电加热等，其中以电加热最为常见。用高压蒸汽加热时，对设备耐压性要求高，须严防泄漏或与物料混合，避免造成事故；使用热载体加热时，要防止热载体循环系统堵塞，造成热油喷出而酿成事故；使用电加热时，电气设备要符合防爆要求；直接用火加热危险性最大，因温度不易控制，可能会造成局部过热烧坏设备，引起易燃物质的分解爆炸；当加热温度接近或超过物料的自燃点时，应采用惰性气体保护。

（2）危险化学品生产冷却和冷凝过程中的安全事项

1）冷凝和冷却操作不仅涉及原材料定额消耗以及产品收率，而且还具有危险性。应当根据被冷却物料的温度、压力、理化性质以及所要求冷却的工艺条件，正确选用冷却设备和冷却剂。

2）对于腐蚀性物料的冷却，最好选用耐腐蚀材料制成的冷却设备，如石墨冷却器、塑料冷却器，以及用高硅铁管、陶瓷管制成的套管冷却器和钛材冷却器等。

3）严格注意冷却设备的密闭性，既不允许物料窜入冷却剂中，也不允许冷却剂窜入被冷却的物料中（特别是酸性气体）。

4）冷却设备所用的冷却水不能中断，否则反应热不能及时导出，致使反应异常，系统压力增高，甚至产生爆炸。

5)开车前应首先清除冷凝器中的积液,然后打开冷却水,最后通入高温物料。

6)为保证不凝的可燃气体排空安全,可充氮保护。

7)检修冷凝、冷却器时,应彻底清洗、置换,切勿带料焊接。

(3)危险化学品生产冷冻过程中的安全事项

常用的冷冻压缩机一般由压缩机、冷凝器、蒸发器与膨胀阀四个基本部分组成。冷冻设备所用的压缩机以氨冷冻压缩机为主,在使用氨冷冻压缩机时,应注意以下几方面。

1)应采用不产生火花的电气设备。

2)在压缩机出口方向,应于气缸与排气阀间设一个能使氨通到吸入管的安全装置,以防缸内压力超高。为避免管路爆裂,在旁通管路上不装任何阻气设备。

3)易于污染空气的油分离器应设于室外。压缩机要采用低温不冻结且不与氨发生化学反应的润滑油。

4)应注意制冷系统的压缩机、冷凝器、蒸发器以及管路系统的耐压程度和气密性,防止设备、管路产生裂纹、泄漏,同时要加强安全阀、压力表等安全装置的检查、维护。

5)制冷系统因发生事故或停电而紧急停车时,应注意其冷料的排空处理。

6)应注意装有冷料的设备及容器的低温材质选择,防止低温脆裂。

(4)危险化学品生产混合过程中的安全事项

1)要根据物料性质(如腐蚀性、易燃易爆性、粒度、黏度等)

正确选用设备。设备的桨叶制造要符合强度要求，安装要牢固，不允许产生摆动。在修理或改造桨叶时，应重新计算其坚牢度。

2）搅拌黏稠物料最好采用推进式或涡轮式搅拌机。为防止搅拌机超负荷运转而发生事故，应安装超负荷停车装置。

3）对于混合操作的加料、出料，应实现机械化、自动化。对于混合能产生易燃易爆或有毒物质的混合设备，应具有良好密闭性，并充入惰性气体保护。

4）搅拌过程中物料会产生热量，如因故停止搅拌会导致物料局部过热。因此，在安装机械搅拌的同时，还要辅以气流搅拌，或增设冷却装置。

5）对于混合可燃粉料，设备应接地以导除静电，并应在设备上安装爆破片。

（5）危险化学品生产蒸发和蒸馏过程中的安全事项

1）为防止热敏性物质的分解，可采用真空蒸发的方法，降低蒸发温度；或采用高效蒸发器，增加蒸发面积，减少停留时间。对具有腐蚀性的溶液，要合理选择蒸发器的材质。

2）对不同的物料应选择正确的蒸馏方法和设备。在处理难挥发的物料（常压下沸点在 150 ℃以上）时，应采用真空蒸馏，这样可以降低蒸馏温度，防止物料在高温下分解、变质或聚合。

3）在处理中等挥发性物料（常压下沸点在 100 ℃左右）时，可采用常压蒸馏。对于沸点低于 30 ℃的物料，则应采用加压蒸馏。

4）萃取蒸馏与恒沸蒸馏主要用于分离由沸点极接近或恒沸的各组分所组成的、难以用普通蒸馏方法分离的混合物。

5）分子蒸馏是一种相当于绝对真空下进行的一种真空蒸馏,可以防止或减少有机物的分解。

30. 危险化学品储存安全管理

（1）储存危险化学品的法律要求

《危险化学品安全管理条例》第十九条规定,危险化学品生产装置或者储存数量构成重大危险源的危险化学品储存设施（运输工具加油站、加气站除外）,与下列场所、设施、区域的距离应当符合国家有关规定：

1）居住区以及商业中心、公园等人员密集场所；

2）学校、医院、影剧院、体育场（馆）等公共设施；

3）饮用水源、水厂以及水源保护区；

4）车站、码头（依法经许可从事危险化学品装卸作业的除外）、机场以及通信干线、通信枢纽、铁路线路、道路交通干线、水路交通干线、地铁风亭以及地铁站出入口；

5）基本农田保护区、基本草原、畜禽遗传资源保护区、畜禽规模化养殖场（养殖小区）、渔业水域以及种子、种畜禽、水产苗种生产基地；

6）河流、湖泊、风景名胜区、自然保护区；

7）军事禁区、军事管理区；

8）法律、行政法规规定的其他场所、设施、区域。

（2）危险化学品储存的基本安全要求

1）储存危险化学品必须遵照法律法规和规范标准的规定。

2）危险化学品露天堆放，应符合防火、防爆的安全要求，爆炸物品、一级易燃物品、遇湿燃烧物品、剧毒物品不得露天堆放。

3）储存危险化学品的仓库必须配备有专业知识的技术人员，其库房及场所应设专人管理，管理人员必须配备可靠的个人防护用品。

4）储存的危险化学品应有明显的标志。

5）必须采用正确的储存方式。

6）根据危险化学品性能分区、分类、分库储存，各类危险化学品不得与禁忌物料混合储存。

7）储存危险化学品的建筑物、区域内严禁吸烟和使用明火。

（3）危险化学品分类储存的安全要求

1）危险化学品仓库应采用隔离储存、隔开储存、分离储存的方式对危险化学品进行储存。

2）应选择符合危险化学品的特性、防火要求及化学品安全技术说明书中储存要求的仓储设施进行储存。

3）应根据危险化学品仓库的设计和经营许可要求，严格控制危险化学品的储存品种、数量。

4）危险化学品储存应满足危险化学品分类、包装、储存方式及消防要求。

5）储存爆炸物的仓库，其外部安全防护距离以及物品存放应满足《危险化学品经营企业安全技术基本要求》（GB 18265—2019）的要求。

6）储存有毒气体或易燃气体，且其构成危险化学品重大危险源的仓库，其外部安全防护距离应满足《危险化学品经营企业安全技术基本要求》（GB 18265—2019）的要求。

7）剧毒化学品、易燃气体、氧化性气体、急性毒性气体、遇水放出易燃气体的物质和混合物、氯酸盐高锰酸盐、亚硝酸盐、过氧化钠、过氧化氢、溴素应分离储存。

8）毒化学品、监控化学品、易制毒化学品、易制爆危险化学品，应按规定将储存地点、储存数量、流向及管理人员的情况报相关部门备案，剧毒化学品以及构成重大危险源的危险化学品，应在专用仓库内单独存放，并实行双人收发、双人保管制度。

（4）危险化学品储存区的动火原则

1）动火应严格执行安全用火管理制度，做到"三不动火"，即没有动火证不动火，安全监护人不在场不动火，防火措施不落实不动火。

2）在正常生产装置内，凡是可不动火的一律不动；凡能拆下来的一律拆下来，移到安全区域动火；节假日不影响生产正常进行的，一律禁止动火。

3）凡在生产、储存、输送可燃物料的设备、容器、管道上动火，应首先切断物料来源，加好盲板，经彻底吹扫、清洗、置换后，再打开人孔，通风换气，并经分析合格后，才可动火。

4）用火审批人必须亲临现场，落实防火措施后，方可签动火证。一张动火证只限一处有效。

5）动火人和安全监护人在接到动火证后，应逐项检查防火措施落实情况，防火措施不落实或安全监护人不在场，动火人有权拒绝动火。

📖 **案例解读**

某日,深圳市某危险物品储运公司仓库发生特大爆炸事故,造成15人死亡、200多人受伤,其中重伤25人。

这起事故的主要原因是4号仓内强氧化剂和还原剂混存、接触,发生激烈氧化还原反应,形成热积累,导致起火燃烧。6号仓内存放的约30吨有机易燃液体被加热到沸点以上后,快速挥发,冲破包装和空气、烟气形成爆炸混合物并发生燃爆。

31. 危险化学品储存安全技术

(1)罐装危险化学品储存的安全技术

1)应有专门的木架存放气瓶,使气瓶直立放置(切勿倒置),以保持气瓶的稳固。如无木架,也可平放,此时瓶口方向要一致,钢瓶上要有两个橡皮圈套,并用三角夹卡牢,防止滚动。对于无瓶座的小型气瓶,可平放在木架上,木架不宜过高,一般为三层。

2)压缩气体和液化气体必须与爆炸性物品、氧化性物质、易燃物品、自燃物品、腐蚀性物品等隔离储存。易燃气体不得与助燃气体、剧毒气体同储,氧气不得和油脂混合储存。

3)每天要定时检查库房的温度和湿度,并做好记录。库温最高不能超过 32 ℃,相对湿度要控制在 80% 以下,以防气瓶生锈。夏季要在早晚进行通风降温,通风后若出现水珠,要及时擦干。

4)要随时检查气瓶是否漏气。进入毒气气瓶库房之前,要将库房通风,并佩戴防毒面具。

(2)易燃物品储存的安全技术

1)易燃液体储存时,库房应注意阴凉通风,远离火种、热源、氧化性物质及酸类,堆码不能过高,打开包装要用不产生火花的金属材料工具。

2)易燃固体储存时,库房应阴凉通风、干燥、隔热,库房周围要严禁烟火,要与酸类及氧化性物质等分开储存,打开包装要用不产生火花的金属材料工具。

3)遇水易燃物品遇湿或受潮会发生燃烧或爆炸,因此在储存时,应特别注意防水、防潮。

4)自燃物品的储存关键是温度和湿度,因为当达到一定温度和湿度条件时,这类物品就会发生燃烧。

5)氧化性物质的储存要特别注意:有机氧化性物质不要和无机氧化性物质混存;不同的氧化性物质对库房的温度、湿度要求不同;

一般氧化性物质的存储温度不应超过 35 ℃，库房内的相对湿度宜保持在 80% 以下。

（3）毒性物质、腐蚀性物质储存的安全技术

1）堆码的要求。对于液体物品，严禁倒放；必须防潮，防止外包装的腐蚀脱落；堆码要留有空隙以方便搬运。

2）温度和湿度要求。由于毒性物质、腐蚀性物质的种类比较多，性质相差也比较大，因此要根据所储存的物品的性质，决定库房的温度和湿度。

3）加强库房检查。由于毒性物质、腐蚀性物质的化学性质非常活泼，因此要根据各自的性质，加强库房的检查，防止事故的发生。在检查时要注意库房有害气体的浓度、空气的酸碱度，防止对人身的伤害。

4）配备防毒设施。为了防止工作人员中毒，存储毒性物质的库房应备有相应的中毒救护器械和药物，并配有更衣室和简单的淋浴设备。

 相关链接

罐装危险化学品的灭火方法包括以下两种：

（1）主要用雾状水来降温灭火，在火势不大时，也可用二氧化碳灭火剂。

（2）消防人员要佩戴个人防护用品，以防中毒。灭火时，要注意站的位置应处于气瓶侧面，以防气瓶爆炸造成伤害。如有人中毒，要立即将其移至空气流通的地方并进行急救。

32. 危险化学品运输原则与检查审批

（1）危险化学品运输原则

要以《中华人民共和国安全生产法》《中华人民共和国道路交通安全法》《中华人民共和国道路运输条例》《危险化学品安全管理条例》《民用爆炸物品安全管理条例》等相关法律、法规和标准为依据，安全运输有毒、有害、爆炸、腐蚀等危险化学品。为了遏制道路运输危险化学品交通事故，最大限度地减少发生交通事故后因危险化学品造成的人员伤亡，必须提升从业人员安全意识和防护自救能力，为建立危险化学品运输安全长效机制奠定良好基础。

从事危险化学品运输的单位必须具有相关危险化学品的运输资质。同时，应加强对运输危险化学品的驾驶员、装卸管理人员、押运人员进行危险化学品的容器使用、装载、运输和发生事故后处置等方面的安全生产教育和培训。以上人员要取得相应危险化学品运输从业上岗资格证书。

（2）危险化学品运输现场管理的注意事项

从事危险化学品运输的单位，应接受交通运输、港口、海事管理等有关部门的监督管理和检查。各有关部门应重点做好以下现场管理工作。

1）加强运输生产现场科学管理和技术指导，并根据所运输危险化学品的特殊危险性，采取必要的、有针对性的安全防护措施。

2）搞好重点部位的安全生产管理和巡检，保证各种生产设备处于完好和有效状态。

3）严格执行岗位责任制和安全生产管理责任制。

4）坚持对车辆、船舶和包装容器进行检验，做到不合格、无标志的一律不得装卸和启运。

5）加强对安全设施的检查，制定本单位事故应急救援预案，并配备应急救援人员和设备器材，定期进行预案演练，提高工作人员对各种恶性事故的预防和应急反应能力。

（3）道路运输危险化学品货物的审批程序

非营业性运输单位从事道路危险货物运输，须事前向当地道路运政管理机关提出书面申请，经审查，符合规定运输基本条件的报设区的市级运政管理机关批准，发给道路危险货物非营业运输证后，方可进行运输作业。

从事一次性道路危险货物运输，须报经县级道路运政管理机关审查核准，发给道路危险货物临时运输证后，方可进行运输作业。

凡申请从事营业性道路危险货物运输的单位，以及已取得营业性道路运输经营资格需增加危险货物运输经营项目的单位,均须按规定向当地县级道路运政管理机关提出书面申请,经设区的市级道路运政管理机关审核,符合规定基本条件的,发给加盖道路危险货物运输专用章的道路运输经营许可证和道路运输营运证后,方可经营道路危险货物运输。

 相关链接

> 从事营业性道路危险货物运输的单位,必须具有10辆以上专用车辆的经营规模,5年以上从事运输经营的管理经验,配有相应的专业技术管理人员,并已建立健全安全操作规程、岗位责任制、车辆设备保养维修和安全质量教育等规章制度。

33. 危险化学品运输人员与车辆安全要求

(1) 危险化学品运输从业人员的安全培训制度

实行从业人员安全培训制度,努力提高从业人员安全素质,是提高危险化学品运输安全的重要一环。危险化学品运输单位应当对驾驶员、船员、装卸管理人员、押运人员进行有关安全知识培训;驾驶员、船员、装卸管理人员、押运人员必须掌握危险化学品运输的安全知识,并经所在地设区的市级人民政府交通运输部门考核合格,船员经海事管理机构考核合格,取得上岗资格证,方可上岗作业。为确保危险化学品运输安全,还应对与危险化学品运输有关的托运人进行培训。

（2）关于运输危险化学品车辆驾驶员的安全要求

1）按照所批准的指定路线行车，不能通过人口密集的地区。

2）严禁疲劳驾驶。行驶前应对车辆认真进行检查，确认机件良好，方可投入使用。

3）严格遵守交通规则，防止交通事故引发的火灾及爆炸。

4）货车在禁火区发生故障时，应及时拖离，不能就地修理。

5）柴油车在冬季应尽可能停在停车库内，若发现柴油或重油凝固，可用开水加热使其融化，严禁使用明火直接加热，以免引起火灾。

6）必须配备与危险化学品货物相应的灭火器具。

7）可燃危险化学品在运输时必须用油布严密覆盖，随车人员不得在货物旁吸烟。

8）装运危险化学品或进入易燃易爆场所及其他禁火区域（如加

油站等）时，汽车应配备火花熄灭器。

9）装运危险化学品的车辆停在公共停车场时，应与其他车辆保持一定的距离。

10）剧毒危险化学品的运输路线应严格按照交通管理部门规定的要求规划，禁止在内河以及其他封闭水域等航道进行运输。

（3）关于运输危险化学品车辆的安全要求

1）运输危险化学品的车辆一定要专车专用，车辆状况保持良好。有符合交通管理部门规定的明显标识，并要求限载车辆载货量的80%。

2）运输车辆的车厢、底板应平坦完好，周围栏板牢固。

3）运输车辆的左前方悬挂黄底黑字"危险品"字样的信号旗。

4）运输车辆上配备与所运输危险化学品的性质相关的消防器材和捆扎、防水、防散失等用具。

5）运输集装箱、大型气瓶、可移动槽罐的车辆，必须设置有效的紧固装置。

6）运输危险化学品的交通工具要有防火安全措施。

7）危险物品不能装得过高、过多，对性质不稳定、易变质、易分解和易自燃的物品，应定时检查、测温、化验，防止自燃爆炸。

8）用敞篷车装运易燃、可燃或遇湿易燃物品时，应捆扎结实，遇湿易燃物品应用密封袋装运并扎紧。特别要注意的是，不能将易燃易爆品装在铁帮、铁底的交通工具中运输。

 相关链接

运输危险化学品的驾驶员、船员、装卸管理人员和押运人员

> 必须了解所运载的危险化学品的性质、危险特性、包装容器的使用特性和发生意外时的应急措施，必须配备必要的应急处理器材和个人防护用品。

34. 危险化学品经营安全要求

（1）办理危险化学品经营许可证的要求

从事剧毒化学品、易爆危险化学品经营的企业，应当向所在地设区的市级人民政府应急管理部门提出申请，从事其他危险化学品经营的企业，应当向所在地县级人民政府应急管理部门提出申请（有储存设施的，应当向所在地设区的市级人民政府应急管理部门提出申请）。申请时准备好必需的申请材料，接受设区的市级人民政府应急管理部门或者县级人民政府应急管理部门依法审查。

设区的市级人民政府应急管理部门和县级人民政府应急管理部门应当将其颁发危险化学品经营许可证的情况及时向同级生态环境管理部门和公安机关通报。

申请人持危险化学品经营许可证向市场监管部门办理登记手续后，方可从事危险化学品经营活动。法律、行政法规或者国务院规定经营危险化学品还需要经其他有关部门许可的，申请人向市场监管部门办理登记手续时还应当持相应的许可证件。

（2）危险化学品经营企业应满足的基本条件

1）有符合国家标准、行业标准的经营场所，储存危险化学品的，应当有符合国家标准、行业标准的储存设施。

2）从业人员经过专业技术培训并经考核合格。

3）有健全的安全生产管理规章制度。

4）有专职安全生产管理人员。

5）有符合国家规定的危险化学品事故应急预案和必要的应急救援器材、设备。

6）法律、行政法规规定的其他条件。

（3）零售危险化学品业务应该满足的基本要求

1）零售业务的店面应与繁华商业区或居住人口稠密区保持500米以上距离。

2）零售业务的店面经营面积（不含库房）应不小于60米^2，其店面内不得设有生活设施。

3）零售业务的店面内只许存放民用小包装的危险化学品，其存放总质量不得超过1吨。

4）零售业务的店面内危险化学品的摆放应布局合理，禁忌物料不能混放。综合性商场（含建材市场）所经营的危险化学品应有专柜存放。

5）零售业务的店面内显著位置应设有"禁止明火"等警示标志。

6）零售业务的店面内应放置有效的消防、急救安全设施。

7）零售业务的店面与存放危险化学品的库房（或罩棚）应有实墙相隔。单一品种存放量不能超过500千克，总质量不能超过2吨。

8）零售店面备货库房应根据危险化学品的性质与禁忌分别采用隔离储存、隔开储存或分离储存等不同方式进行储存。

法律提示

> 《危险化学品安全管理条例》第三十三条规定，依照《中华人民共和国港口法》的规定取得港口经营许可证的港口经营人，在港区内从事危险化学品仓储经营，不需要取得危险化学品经营许可。

35.危险化学品使用安全要求

（1）危险化学品危害控制的一般原则

1）变更工艺。通过变更生产工艺来达到消除或降低化学品危害的目的。

2）隔离。通过封闭、设置屏障等措施，避免作业人员直接暴露于有害环境中。

3）替代。选用无毒或低毒的化学品替代原有的有毒有害化学品，选用难燃化学品替代易燃化学品。

4）通风。通风可以使作业场所空气中有害气体、蒸气或粉尘的浓度降低，保证作业人员的身体健康，并可以防止火灾、爆炸事故的发生。

5）个人防护。个人防护用品既不能降低作业场所中有害化学品的浓度，也不能消除作业场所的有害化学品，而只能为人体设置一道阻止有害物进入的屏障。

6）卫生。卫生包括作业场所清洁卫生和作业人员的个人卫生两个方面。

（2）危险化学品安全使用许可证的申请程序

申请危险化学品安全使用许可证的化工企业，应当向所在地设区的市级人民政府应急管理部门提出申请，并提交其符合《危险化学品安全管理条例》规定条件的证明材料。

设区的市级人民政府应急管理部门应当依法进行审查，自收到证明材料之日起45日内作出批准或者不予批准的决定。予以批准的，颁发危险化学品安全使用许可证；不予批准的，书面通知申请人并说明理由。

应急管理部门应当将其颁发危险化学品安全使用许可证的情况及时向同级生态环境管理部门和公安机关通报。

36. 危险化学品废物危害性与毒性

（1）危险化学品废物的危害性

1）可燃性：燃点较低，或者经摩擦或自发反应而易于发热，从而进行剧烈、持续燃烧。

2）腐蚀性：含水废物的浸出液或不含水废物加入水后的浸出液，能使接触物质发生质变。

3）反应性：在无引发条件的情况下，由于本身不稳定而易发生剧烈变化，如与水能反应形成爆炸性混合物，或产生有毒的气体、蒸气、烟雾或臭气；在受热的条件下能爆炸；常温常压下即可发生爆炸等。

4）传染性：各种危险化学品废物进入环境之后，会发生各种变化，不少物质会转变成环境激素，通过食物链又回到人体，扰乱人体内分泌功能，发生传染性疾病。

5）放射性：核废物、污水处理废物、医疗废物等可能存在放射性物质成分，从放射化学的观点看，其总放射性、半衰期、比活度、核素组成、毒性等危害性质对人类及自然界生物链造成巨大的威胁。

（2）危险化学品废物的毒性

1）浸出毒性：用规定方法对废物进行浸取，在浸取液中若有一种或一种以上有害成分，并且其浓度超过规定标准，就可认定该废物具有毒性。

2）急性毒性：一次投给实验动物加大剂量的毒性物质，在短时间内所出现的毒性。通常用一群实验动物出现半数死亡的剂量即半致死剂量表示。按照摄毒的方式，急性毒性又可分为口服毒性、吸入毒性和皮肤吸收毒性。

3）其他毒性：生物富集性、刺激性、遗传变异性、水生生物毒性及传染性等。

> **Tips 相关链接**
>
> 危险化学品废物是指在人们物质生产、储存、运输、经营、使用过程中以及生活、工作中直接或间接产生各种具有或可能产生危险化学品成分的废弃物质。
>
> 国家规定燃点低于600 ℃的废物即具有可燃性。
>
> 按照规定，浸出液pH值≤2或pH值≥12.5的废物，或温度≥55 ℃时，浸出液对规定的牌号钢材腐蚀速率大于0.64厘米／年的废物为具有腐蚀性的废物。

37. 危险化学品废物处置规范

（1）危险化学品废物处置的主管部门

危险化学品废物不但具有可燃性、腐蚀性、反应性、传染性、放射性以及浸出毒性、急性毒性等直接危害特性，还会在土壤、水体、大气等自然环境中迁移、滞留、转化，污染土壤、水体、大气等人类赖以生存的生态环境，甚至可能在外界环境作用下发生物理、化学反应，转化产生新的危害特性。

依据《危险化学品安全管理条例》，生态环境管理部门负责废弃危险化学品处置的监督管理，组织危险化学品的环境危害性鉴定和环境风险程度评估，确定实施重点环境管理的危险化学品，负责危险化学品环境管理登记和新化学物质环境管理登记；依照职责分工调查相关危险化学品环境污染事故和生态破坏事件，负责危险化学品事故现场的应急环境监测。

（2）危险化学品废物安全处置的总体原则

1）减量化。通过适宜的手段减少危险化学品废物的数量和容积，从源头上减少危险化学品废物的产生，即通过经济和政策鼓励企业进行技术改造，实行清洁生产。危险化学品废物减量化适用于任何产生危险化学品废物的工艺过程。

2）资源化。采用工艺技术，从危险化学品废物中回收有用的物质与资源。资源化要求已产生的危险化学品废物应首先考虑回收利用，减少后续处理处置的负荷，回收利用过程应达到国家和地方有关规定的要求，避免二次污染；生产过程中产生的危险化学品废物，应积极推行生产系统内的回收利用；生产系统内无法回收利用的危险化学品废物，应通过系统外的危险化学品废物交换、物质转化、再加工、能量转化等措施实现回收利用。

3）无害化。将不能回收利用资源化的危险化学品废物通过一种或多种物理、化学、生物等手段进行最终处置，将危险化学品废物中对人体或环境有害的物质分解为无害或毒性较小的化学形态，达到不损害人体健康、不污染自然环境的目的。

 相关链接

适用于焚烧处理的危险化学品包括以下几类。

（1）具有生物危害性的废物，如医院废物和易腐败的废物。

（2）难于生物降解及在环境中持久性长的废物，如塑料、橡胶和乳胶废物。

（3）易挥发和扩散的废物，如废溶剂、油、油乳化物和油混合物、含酚废物以及油脂、腊废物和有机釜底物。

（4）熔点低于40℃的废物。

（5）不可能安全填埋处置的废物。一般危险化学品废物中的固体含量约为35%（质量分数），有机物含量少于1%（质量分数），毒性废物在经过解毒和预处理后才允许进行填埋处置。

（6）含有卤素、铅、汞、镉、锌、氮、磷或硫的有机废物，如多氯联苯（PCBs）、农药废物和制药废物等。

第5章 危险化学品职业病防治与个人防护

38. 危险化学品行业职业病危害

（1）化工行业应重点关注的职业性危害

化工产品种类繁多，与各行各业生产密切相关，是许多行业不可缺少的原料。化工生产过程常常具有高温、高压、易燃、易爆及易腐蚀等特点，因此化工行业的职业性危害主要表现为职业性中毒。

化工行业的刺激性毒物常引起呼吸系统损害，严重时可使人发生肺水肿；氰化物、砷、硫化氢、一氧化碳、醋酸铵、有机氟化物等易引起中毒性休克；砷、锑、钡、有机汞、三氯乙烷、四氯化碳等易引起中毒性心肌炎；黄磷、四氯化碳、三硝基甲苯、三硝基氯苯等可引起肝损伤；重金属盐可造成中毒性肾损伤；窒息性气体、刺激性气体以及亲神经毒物均可引起中毒性脑水肿；苯的慢性中毒主要损害血液系统，表现为白细胞、血小板减少及贫血，严重时出现再生障碍性贫血；汞、铅、锰等可引起严重的中枢神经系统损害。橡胶行业、石油行业、印染行业、油漆涂料行业还多发职业性肿瘤。

（2）危险化学品行业常见的职业病

1）职业性化学中毒：

①刺激性气体中毒使人胸闷、缺氧、头晕、咽部水肿，甚至出现肺水肿，严重威胁人的生命；窒息性气体中毒使人恶心、干呕、刺痛、呼吸困难，甚至意识模糊乃至昏迷，严重时造成死亡。

②金属中毒也很常见，一般为慢性中毒，如汞、铅、锰中毒。汞中毒主要表现为脑中毒、肾坏死、血液和心肌疾病；铅中毒主要表现为对肝、肾、脑等器官不同程度的损害；锰中毒表现在步态不稳、情绪不定、哭笑无常、行动困难，严重时会出现不断摇头或点头动作。

2）职业性皮肤病。职业性皮肤病是指劳动者在职业活动中接触化学、物理、生物等生产性因素引起的皮肤及其附属器疾病。它的临床表现有很多种，常见的有接触性皮炎、湿疹、痤疮及毛囊炎、皮肤及黏膜溃疡、皮肤角化过度或皲裂，还有皮肤色素改变。它们给皮肤带来各种不同的伤害，例如，红斑、水肿、水疱甚至糜烂；剧烈瘙痒、流脓、溃疡；干裂、色素沉着积累即职业性黑变病，而色素减退会发生白斑即职业性白斑病。

3）尘肺。化工厂矿生产过程中，许多作业都会产生粉尘，粉尘进入呼吸道后，绝大多数颗粒较大的粉尘被阻挡在上呼吸道，刺激这些部位的黏膜，使细小血管扩张，黏膜红肿、肥大、分泌物增多，引起鼻炎、气管炎等病变。有些有机粉尘可引起哮喘性过敏反应，有些有毒粉尘可引起全身中毒，有些粉尘（如石英、炭黑等）可引起肺的纤维组织增生，甚至发生尘肺病。

4）职业性耳聋。噪声对人体的危害主要是损害听力，特别是工作场所长时间的噪声会使耳朵的敏感度下降，由听觉适应到产生听觉疲劳，最终导致职业性耳聋。主要临床表现是耳鸣、头痛、头晕，有时伴有失眠、头胀，逐渐出现眩晕、恶心、干呕症状。噪声还能对人体其他系统和器官产生危害，引起神经衰弱如记忆力减退、注意力不集中，也可使心律不齐、血管痉挛。同时，在强噪声生产环境中会发生生产性事故，造成人员伤亡。

39. 化学毒物所致职业病危害预防

（1）从源头消除有毒物质

尽可能以无毒、低毒的工艺和原辅材料代替有毒、高毒的工艺和原辅材料，这是最理想的措施。例如，用循环水杀菌时，消毒剂采用二氧化氯代替氯，可从根本上消除导致氯气中毒的工作环境隐患。

（2）降低有毒物质浓度

若彻底消除有毒物质有困难时，应尽可能降低有毒物质的浓度，使之控制在国家规定的职业接触限值以下。可以从以下几个方面采取措施。

1）生产装置应密闭化、管道化。尽可能实现负压生产，防止有毒物质泄漏、外溢；设备尽可能自动化，过程控制采用集散型控制系统（DCS）进行集中监视、控制及管理；物料的加工、储存、输送过程均应采用密闭的方式，设备以及管线之间的连接处均采取相应的密封措施，防止介质泄漏；采集含有高毒物质的样品时，应使用密闭采样器，最大限度地减少作业人员接触有毒物质的机会。

2）通风排毒。设置必要的机械通风排毒、净化装置，防止有毒物质逸散；需要进入存在高毒物质的设备、容器或者狭窄封闭场所作业时，应当事先保持作业场所良好的通风状态，确保作业场所职业中毒危害因素浓度符合国家职业卫生标准；生产装置采用露天布置，通过自然通风使有毒物质能够迅速稀释扩散。

3）生产布局合理。有毒作业场所和无毒作业场所应分开；高毒作业场所与其他作业场所应隔离；作业场所与生活场所应分开，作业场所不得住人。

4）采取预防性技术措施，预防中毒事故发生。例如，对可能发生急性中毒的工作场所设置固定式有毒气体检测报警装置；设置必要的事故通风设施、应急撤离通道、必要的泄险区和风向标等。

5）加强职业卫生管理。要制定和完善职业卫生管理制度；对生产设备要加强维修和管理，防止跑、冒、滴、漏污染环境；定期监测作业场所空气中有毒物质浓度，将其控制在职业接触限值以下。

（3）加强个人防护

1）根据不同岗位的工作环境为作业人员配备适量适用的个人防护用品，并制定使用管理规定。

2）在有毒气体可能泄漏的作业场所，除对作业人员配备常规个人防护用品外，还应在现场醒目处根据有毒物质特点和防护要求配置应急物资柜，放置必需的防毒护具，以备逃生、抢救时应急使用。

3）进入高毒物质作业场所进行巡检、排凝、仪表调校、采样、切水等作业时，应佩戴相应的个人防护用品，携带便携式报警仪，两人同行，一人作业，一人监护。

4）进入硫黄回收、污水汽提、火炬等装置，酸性气管线沿途区域，轻烃回收脱丁烷塔顶、酸性水、轻烃回收单元干气管线，催化、加氢酸性水罐等极度危险区域时，须有监护人员陪同，佩戴正压自给式空气呼吸器，使用便携式硫化氢检测等报警仪。

5）需要进入存在高毒物质的设备、容器或者狭窄封闭场所作业时，应按规定进行隔离、置换、吹扫，经分析合格后方可入内。

6）高毒物质作业场所应当配备淋浴间和更衣室，并设立专门区域用于清洗、存放或者处理从事高毒物质作业人员的工作服、工作鞋帽等物品。结束作业后，使用过的工作服、工作鞋帽等物品必须存放在高毒作业区域内，不得穿戴进入非高毒物质作业场所。

7）在有毒物质的作业环境中，应根据有毒物质的特点和毒性，配置急救箱。

此外，还要加强对作业人员的健康教育和健康监护，使作业人员能够自觉遵守安全操作规程并使用适当的个人防护用品，养成良好的个人习惯。

40. 粉尘所致职业病危害预防

（1）综合防尘的"八字方针"

1）"革"，即工艺改革和技术革新，这是减少或消除粉尘危害的根本措施。

2）"水"，即湿式作业，可防止粉尘飞扬，降低环境粉尘浓度。

3）"密"，即密闭尘源，尽可能将产生粉尘的设备密闭在通风罩中，并与排风结合，经除尘处理后再排入大气。

4）"风"，即通风除尘，加强通风及抽风措施，常在密闭、半密闭发尘源的基础上，采用局部抽出式机械通风，将工作面的含尘空气抽出，并可同时采用局部送入式机械通风，将新鲜空气送入工作面。

5）"护"，即个人防护，是防尘、降尘措施的补充，特别是在技术措施未能达到的地方是必不可少的。

6）"管"，经常性的维修和管理工作。

7）"教"，加强宣传教育。

8）"查"，定期检查环境空气中粉尘浓度和接触者的定期体格检查。

(2)粉尘的预防与控制技术

1)选用不产生或少产生粉尘的工艺和物料,采用无危害或危害小的物料,是消除、减弱粉尘危害的根本途径。例如,用湿法生产工艺代替干法生产工艺。

2)限制、抑制扬尘和粉尘扩散。采用密闭管道输送、密闭自动(机械)称量、密闭设备加工,防止粉尘外逸;不能完全密闭的尘源,在不妨碍操作的条件下,尽可能采用半封闭罩、隔离室等设施来隔绝、减少粉尘与工作场所空气的接触,将粉尘限制在局部范围内,减弱粉尘的存在;对亲水性、弱黏性的物料和粉尘应尽量采用增湿、喷雾、喷蒸汽等措施,可有效地减少物料在装卸、运转、破碎、筛分、混合和清扫过程中粉尘的产生和扩散;厂房喷雾有助于室内飘尘的凝聚和降落。

3)通风除尘。建筑设计时需考虑工艺特点及排尘的要求,利用风压、热压差合理组织气流,充分发挥自然通风以改善作业环境的作用。当自然通风不能满足要求时,应设置全面或局部机械通风排尘装置。

4)由于工艺、技术的原因,通风除尘设施无法达到卫生标准要求时,作业人员必须佩戴防尘口罩等个人防护用品。

5)采取防尘教育、定期检测、加强防尘设施维护检修,对从业人员定期体检等管理措施。

 相关链接

常用的除尘设备有以下几种。

(1)重力沉降室:通过粉尘本身的重力,使尘粒从气流中分离出来。

(2) 旋风除尘器：利用气流旋转过程中作用在粉尘尘粒上的惯性离心力，使尘粒从气流中分离。

(3) 湿式除尘器：通过含尘气体与液滴或液膜的接触，使尘粒从气流中分离。

(4) 过滤除尘器：含尘空气通过织物的过滤层或通过由填充材料构成的过滤层时，粉尘尘粒会阻留下来。

(5) 电除尘器：利用高压电场产生的静电力，使尘粒从空气中分离。

41. 物理因素所致职业病危害预防

（1）噪声危害预防

1）消除和减少生产中的噪声源。合理选用机械，对机械及时保养维护，使机械正常运转，将噪声源降到最少。

2）控制噪声的传播。对机械设置布局要合理，将高噪声的机械（如圆盘锯、切断机、切割机等）作业区与其他施工机械作业区分隔开来，根据条件不同，可以采用消声、吸声、隔声、隔振等来控制噪声的传播。

3）施工中尽可能地降低噪声频率。圆盘锯、振捣机等应在一次作业中完成，停止作业间隙要及时断电关机，尽量避免金属相互撞击的人为噪声等。

4）做好个人防护。作业人员正确使用个人防护用品，以避免或减轻噪声的危害。

（2）振动危害预防

1）改革工艺设备和方法，以达到减振的目的，从生产工艺上控制或消除振动源是振动危害控制的最根本措施。

2）采用自动化、半自动化控制装置。

3）改进振动设备与工具，降低振动强度，或减少手持振动工具的重量，以减轻肌肉负荷和静力紧张。

4）改革风动工具，改变排风口方向。

5）改革工作制度，专人专机，及时保养和维修。

6）在地板及设备地基采取隔振措施（如使用橡胶、软木、玻璃纤维毡等减振垫层，复合式隔振装置等）。

7）合理发放个人防护用品，如防振保暖手套等。

（3）异常气象条件的防护措施

1）高温作业防护。对于高温作业，应合理设计工艺流程，改进生产设备和操作方法，这是改善高温作业条件的根本措施。例如，采用开放或半开放式作业，利用自然通风，尽量在夏季主导风向下风侧对热源隔离等。

2）隔热。隔热是防止热辐射的重要措施，如利用水来进行隔热降温。

3）通风降温。通风降温方式有自然通风和机械通风两种。

4）保健措施。为从业人员提供饮料和补充营养，暑季供应含盐清凉饮料等。

5）个人防护。如使用耐热工作服等；低温的作业环境下，要注意防寒保暖，加强个人防护用品使用。

6）异常气压的预防。可通过采取一些措施预防异常气压，如采用管柱钻孔法代替沉箱，工人不必在水下高压作业；遵守安全操作规程；做好保健措施，如高热量、高蛋白饮食等。

42. 化学防护服穿戴使用

（1）应有完善的化学防护服发放管理制度及使用前培训制度。

（2）应按要求向使用者及辅助人员准确发放化学防护服，并进行培训。

（3）化学防护服应按要求进行穿脱和使用。

（4）在使用化学防护服的过程中，使用者不应进入不必防护的区域，不应吸烟、饮食、化妆、去卫生间等。

（5）为减少交叉污染，化学防护服应按规定脱除，必要时可有辅助人员帮忙。交叉污染包括人员之间、装备之间以及装备与普通工作服等之间，下述方法可有效地阻止污染物的交叉污染扩散：

1）在要求洗消时，应先洗消再脱除化学防护服；

2）脱除化学防护服时，宜使内面翻外，减少污染物的扩散；

3）脱除受污染的化学防护服时，宜最后脱除呼吸防护用品。

（6）受污染的化学防护服脱除后，需洗消的应按要求的方法进行及时洗消，未进行充分洗消的应置于具有警示性的指定区域，宜密闭存放。

（7）有限次使用的化学防护服已被污染时应该被弃用。

（8）需废弃的化学防护服的处理应符合相关的安全和环保方面的要求。

（9）污染物会影响多次性使用的化学防护服的防护性能，快速有效地清洁污染物能延长其再使用寿命或次数。多次性使用的化学防护服经洗消处理后，需对其进行评估，在确保安全后方可再次使用。

（10）进行高劳动强度、高热负荷工作时，应规定最长的工作时间和安排一定的休息时间；若不能满足这些要求，宜选用长管供气及降温系统，以适当延长作业时间。

 相关链接

> 特殊作业防护服使用完毕，应进行检查、清洗、晾干保存，以备下次再用，产品应存放于干燥、通风、清洁的库房。以橡胶为基料的防护服，可用肥皂水洗净后冲洗晾干，撒些滑石粉存放；以塑料为基料的防护服，一般只在常温下清洗、晾干；以特殊织物为基料的防护服，如等电位均压服、微波防护服、防静电服等，应远离油污，保持干燥，避免织物中的金属等导电纤维折断，这类防护服应定期检查其电性能指标。

43. 呼吸防护用品佩戴使用

（1）常见的呼吸防护用品

根据结构和原理，呼吸防护用品可分为过滤式和隔离式两大类；按其防护用途，可分为防尘、防毒和供氧三类。

1）过滤式呼吸防护用品。这类防护用品是以佩戴者自身呼吸为动力，将空气中有害物质予以过滤净化，可分为自吸过滤式防尘口罩和自吸过滤式防毒面具两种。

①自吸过滤式防尘口罩是用于防御各种粉尘和烟雾等质点较大的

固体有害物质的防尘呼吸器,这种口罩有复式和简易式两种。其中,复式防尘口罩由主体(口鼻罩)、滤尘盒、呼气阀和系带等部件组成;简易式防尘口罩没有滤尘盒,大部分不设呼气阀,依靠夹具、支架或直接将滤料做成口鼻罩。

②自吸过滤式防毒面具主要用于防御各种有害气体、蒸气、气溶胶等有害物质,通常被称为防毒口罩或防毒面具,可分为直接式与导管式两种。前者为滤毒罐(盒)直接与面罩相连,后者为滤毒罐(盒)通过导气管与面罩相连。防毒面具的面罩分为全面罩和半面罩,全面罩有头罩式和头戴式两种,应能遮住眼、鼻和口;半面罩一般只能遮住鼻和口。

2)隔离式呼吸防护用品。这类防护用品能使佩戴者的呼吸器官与污染环境隔离,由呼吸器自身供气(空气或氧气)或从清洁环境中

引入空气来维持人体的正常呼吸。按其供气方式，隔离式呼吸防护用品可分为自带式与外界输入式两种。

①自带式有空气呼吸器和氧气呼吸器两种，其结构包括面罩、短导气管、供气调节阀和供气罐，其呼吸通路与外界隔绝。供气形式采用罐内盛压缩氧气（空气）或过氧化物与呼出的水蒸气及二氧化碳发生化学反应产生氧气两种。

②外界输入式有电动送风呼吸器、手动送风呼吸器和自吸式长管呼吸器三种，与自带式的主要区别在于供气源由作业场所外输入口罩（面具或头盔）内。外界输入式由口罩（面具或头盔）、长导气管、减压阀、净化装置及调节阀等组成。

（2）呼吸防护用品的使用原则

1）任何呼吸防护用品的防护功能都是有限的，应让使用者了解所使用的呼吸防护用品的局限性。

2）使用任何一种呼吸防护用品都应仔细阅读产品使用说明，并严格按要求使用。

3）应向所有使用人员培训呼吸防护用品的使用方法。

4）使用前应检查呼吸防护用品的完整性、过滤元件的适用性、电池电量、气瓶储气量等，消除不符合有关规定的现象后才允许使用。

5）进入有害环境前，应佩戴好呼吸防护用品。对于密合型面罩，使用者应做佩戴气密性检查，以确认密合。

6）在有害环境作业的人员应始终佩戴呼吸防护用品。

7）不允许单独使用逃生型呼吸防护用品进入有害环境。

8）当使用中感到异味、咳嗽、刺激、恶心等不适症状时，应立即离开有害环境，并应检查呼吸防护用品，确定并排除故障后方可重新进入有害环境；若无故障存在，应更换有效的过滤元件。

9）若呼吸防护用品同时使用数个过滤元件，如双过滤盒，应同时更换。

相关链接

常见的呼吸防护用品主要有自吸过滤式防尘口罩、过滤式防毒面具、氧气呼吸器、自救器、空气呼吸器、防微粒口罩等。

44. 防护手套佩戴使用

（1）防护手套的使用要求

任何防护手套的防护功能都是有限的，应当严格按照产品说明书进行使用。佩戴防护手套时应将袖口套入手套内，避免同一双手套在不同作业环境中使用。在操作转动机械作业时，禁止使用编织类防护手套。

防护手套使用前后应进行检查，出现下列情形应进行报废处理，并及时更换：渗透、裂痕、缝合处开裂、严重磨损、变形、烧焦、融化或发泡、僵硬、洞眼、发黏或发脆。

对于有液密性和气密性要求的防护手套，若发现表面有不明显的针眼，可以采用充气法将防护手套膨胀至原来的1.2~1.5倍，浸入水中，检查是否漏气。

（2）防护手套使用的注意事项

不同的防护手套有其特定的用途和性能，在实际工作时一定要结合作业情况正确使用，以保护手部安全。

1）普通操作应佩戴防机械伤手套，可用帆布、绒布、粗纱制作而成，以防丝扣、尖锐物体、毛刺、工具等伤手。

2）冬季应佩戴防寒棉手套，对导热油、三甘醇等高温部位操作也应使用棉手套。

3）使用甲醇时必须佩戴防毒乳胶或橡胶手套。

4）加电解液或打开电瓶盖要使用耐酸碱手套，注意防止电解液溅到衣物上或身体其他裸露部位。

5）焊割作业应佩戴焊工手套，以防焊渣、熔渣等烧坏衣袖、烫伤手臂。

6）用于救火或有可能造成烧伤的操作应使用耐火阻燃手套。

7）操作旋转机床或有可能接触设备运转部件时，禁止佩戴手套。

8）防护手套特别是被凝析油、汽油、柴油等轻质油品浸湿的防护手套使用完毕后，应及时清洗油污；禁止佩戴此类手套吸烟、点火、烤火等，以防被点燃。

 相关链接

> 防护手套都应具有安全标识，包括：
> （1）防护手套商标、生产商或代理商的说明。
> （2）防护手套的名称（商业名称或代码，以便佩戴者知道生产商和适用范围）。
> （3）大小型号。
> （4）如有必要，应标上老化（更换）日期。

45. 防护鞋穿戴使用

（1）耐酸碱鞋（靴）使用注意事项

根据材料的性质，耐酸碱鞋（靴）可分为耐酸碱皮鞋、耐酸碱塑料模压靴和耐酸碱胶靴三类。

耐酸碱鞋（靴）采用防水革、塑料、橡胶等材料，配以耐酸碱鞋底，经模压、硫化或注压成型，具有防酸碱性能。其主要作用是在足部接触酸碱或酸碱溶液泼溅在足部时，保护足部不受伤害。耐酸碱鞋（靴）只适用于一般浓度较低的酸碱作业场所，不能浸泡在酸碱液中进行长时间作业，否则酸碱溶液会浸入鞋（靴）内腐蚀足部造成伤害。

（2）防护鞋使用注意事项

1）防护鞋除了需根据作业条件选择适合的类型外，还应合脚，穿起来使人感到舒适，因此要仔细挑选合适的鞋号。

2）防护鞋要有防滑设计，不仅要保护足部免受伤害，而且要防止作业人员滑倒。

3）各种不同性能的防护鞋，要达到各自防护性能的技术指标，如防砸、防刺、绝缘等要求。

4）使用防护鞋前要认真检查或测试，在电气和酸碱作业中，破损和有裂纹的防护鞋都是有危险的。

5）防护鞋用后要妥善保管，橡胶鞋用后要用清水或消毒剂冲洗并晾干，以延长使用寿命。

46. 防护眼镜和防护面罩的穿戴使用

（1）防护眼镜和防护面罩的分类

1）防护眼镜的分类。

①防固体碎屑的防护眼镜，主要用于防御金属或砂石碎屑等对眼睛的机械损伤，眼镜片和眼镜框架应结构坚固，抗打击，框架周围装有遮边，镜片可选用钢化玻璃或铜丝网防护镜。

②防化学溶液的防护眼镜，主要用于防御有刺激或腐蚀性的溶液对眼睛的化学损伤，可选用普通平光镜片，镜框应有遮盖，以防溶液溅入。

③防辐射的防护眼镜，用于防御过强的紫外线等辐射线对眼睛的危害。

2）防护面罩的分类。

①普通面罩，是防止固体屑末和化学溶液溅射入眼及损伤面部的面罩，用轻质透明塑料或聚碳酸酯等塑料制作，面罩两侧及下端，分别向两耳和下颏下端朝颈部延伸，使面罩能更全面地包裹面部，以增加防护效果。

②有机玻璃隔热面罩，可防止热辐射对头部的作用，主要用于钢铁处理、大炉除灰、玻璃熔融等工种。

③金属网面罩，用于防热和防微波辐射。

④电焊面罩，除配备深绿色滤光片外，其面罩部分采用一定厚度的硬纸纤维制成，质轻、防热，具有良好的电绝缘性能，可有效防护电焊过程中产生的高热、紫外线、红外线、可见光以及焊接烟雾的刺激。

（2）防护眼镜和防护面罩的作用

1）防止异物、化学物品的伤害。

2）防止强光、紫外线和红外线的伤害。

3）防止微波、激光和电离辐射的伤害。

（3）防护眼镜和防护面罩使用注意事项

1）要选用经产品检验机构检验合格的产品。

2）宽窄和大小要适合使用者的脸型。

3）镜片磨损、镜架损坏会影响使用者的视力，应及时调换。

4）要专人使用，防止传染眼病。

5）焊接防护眼镜的滤光片和保护片要按作业需要选用和更换。

6）防止重摔、重压，防止坚硬的物体摩擦镜片和面罩。

47. 安全帽佩戴使用

（1）安全帽功能的选择

1）在可能存在物体坠落、碎屑飞溅、磕碰、撞击、穿刺、挤压、摔倒及跌落等伤害头部的场所时，应佩戴至少具有基本技术性能的安全帽。其基本技术性能包括冲击吸收性能、耐穿刺性能以及下颏带强度指标。

2）当作业环境中可能存在短暂接触火焰、短时局部接触高温物体或暴露于高温场所时，应选用具有阻燃性能的安全帽。

3）当作业环境中存在可能发生侧向挤压、塌方、滑坡的场所，存在可预见的翻倒物体，存在可能发生速度较低的冲撞场所时，应选用具有侧向刚性的安全帽。

4）当作业环境对静电高度敏感，可能发生爆燃或需要本质安全时，应选用具有防静电性能的安全帽，此时所穿戴的衣物应遵循防静电规程的要求。

5）当作业环境中可能接触400伏以下三相交流电时，应选用具有电绝缘性能的安全帽。

6）当作业环境中需要保温且环境温度不低于 -20 ℃的低温作业工作场所时，应选用具有防寒功能或与佩戴的其他防寒装备不发生冲突的安全帽。

7）根据工作的实际情况可能存在以下特殊性能：摔倒及跌落的保护、导电性能、防高压电性能、耐超低温、耐极高温性能、抗熔融金属性能等。

（2）安全帽的使用注意事项

1）在使用之前一定要检查安全帽上是否有裂纹、碰伤痕迹、凹凸不平、磨损（包括对帽衬的检查），安全帽上如存在影响其性能的明显缺陷，应及时报废，以免影响防护作用。

2）不能随意在安全帽上拆卸或添加附件，以免影响其原有的防护性能。

3）不能随意调节帽衬的尺寸。安全帽的内部尺寸如垂直间距、佩戴高度、水平间距在相关标准中是有严格规定的，这些尺寸直接影响安全帽的防护性能，使用时不可随意调节。

4）使用时一定要将安全帽戴正、戴牢，不能晃动，要系紧下颏带以防安全帽脱落。

5）受过一次强冲击或做过试验的安全帽不能继续使用，应予以报废。

危险化学品工伤预防知识学习手册

 相关链接

应严格使用在有效期内的安全帽：塑料安全帽的有效期为两年半，植物枝条编织的安全帽有效期为两年，玻璃钢（包括维纶钢）和胶质安全帽的有效期为三年半。超过有效期的安全帽应报废。

48. 防冲击眼护具佩戴使用

防冲击眼护具对视野有严格的要求：最小上侧视野为80°；对于由两片镜片组成的眼护具，最小下方视野为60°；对于由单片镜片组成的眼护具，最小下方视野为67°。

（1）防冲击眼护具主要技术性能要求

1）抗高强度冲击性能。用于抗高强度冲击的眼镜，应满足其强度要求。

2）耐热性。镜片放在 67 ℃ 的水中，保温 3 分钟后取出，立即放入 4 ℃ 以下的水中，不应出现破裂等异常现象。

3）耐腐蚀性。清除金属部件表面油垢后，放入沸腾的质量分数为 0.1% 的食盐溶液中浸泡 15 分钟，取出后先在室温下干燥 24 小时，再用温水洗净，待其干燥后，观察表面无腐蚀现象为合格。

4）镜片的外观质量。将镜片置于背景色前，用 60 瓦白炽灯照明目测，表面光滑，无划痕、波纹、气泡、杂质等明显缺陷。

（2）防冲击眼护具的产品种类

1）有机玻璃眼镜（面罩）。这类产品优点是透明度良好，坚韧有弹性，能耐低温，质量轻，耐冲击强度比普通玻璃高10倍。缺点是不耐高温，耐磨性差。有机玻璃眼镜（面罩）主要适用于金属切削加工、金属磨光、锻压工件、粉碎金属或石块等作业场所。

2）钢化玻璃眼镜。钢化玻璃眼镜是由普通玻璃先加热到800~900℃以后，再进行急冷却处理，使其内部发生结构应力改变，提高抗冲击强度后制成的眼镜。钢化玻璃镜片能承受较大的冲击力，即使破裂，只产生圆粒状的碎片。

3）钢双纱外网防护眼镜。这种眼镜镜架用圆形金属制成，镜框分内外两层：内层配装圆形平光玻璃镜片，安装镜脚；外层配装钢丝经纬网纱。上缘与内层框架上缘以可控扣件连接，下缘设钩卡，镜架两侧外缘至佩戴者的太阳穴处，与镜架连接。

第6章 危险化学品事故工伤急救

49. 危险化学品事故应急救援的基本原则

（1）现场处置的基本原则

1）控制危险源。及时控制造成事故的危险源是应急救援工作的首要任务，只有及时控制住危险源，防止事故的继续扩展，才能及时、有效地进行救援。

2）抢救受害人员。在应急救援行动中，及时、有序、有效地实施现场急救与安全转送伤员是降低伤亡率，减少事故损失的关键。

3）撤离。由于危险化学品事故发生突然、扩散迅速、涉及面广、危害大，应及时指导和协助群众采取各种措施进行自身防护，并向上风向迅速撤离出危险区或可能受到危害的区域。在撤离过程中应积极听从指挥，协助组织群众开展自救和互救工作。

4）清理现场。做好现场清理，消除事故外溢的有害物质以及可能对人体和环境继续造成危害的物质，防止其继续对人体危害和对环境污染。

（2）伤员现场急救的基本原则

1）个人防护。危险化学事故发生后，危险化学品会通过呼吸系统和皮肤进入人体。因此，必须了解危险化学品的种类、性质和毒性，选择好合适的防护措施，做好自身及伤病员的个人防护。

2）切断有毒物质源。进入事故现场后，要迅速切断有毒物质的来源，防止有毒物质继续外溢对人体造成进一步伤害。

3）选择有利地形设置急救点。

4）防止发生继发性损害。

5）应至少2人为一组集体行动，以便相互照应。

6）所用的救援器材需具备防爆功能。

相关链接

因为危险化学品对人体、环境具有严重的危害作用，所以危险化学品事故具有特殊而严重的后果，其事故应急救援工作十分重要。

常见的危险化学品事故应急救援有：危险化学品泄漏事故控制和处理，危险化学品火灾、爆炸事故应急与处理，危险化学品中毒和环境污染事故应急救援等。

50. 现场紧急心肺复苏

在生产现场对伤员进行心肺复苏非常重要。据报道，5分钟内开始院外急救实施心肺复苏，8分钟内进一步生命支持，遇险人员存活率最高可达43%。心肺复苏每延迟1分钟，存活率下降7%~10%；除颤每延迟1分钟，存活率下降7%~18%。心肺复苏（CPR），即当呼吸终止及心跳停止时，合并使用人工呼吸及胸外心脏按压来进行急救的一种技术。

实施心肺复苏时，应判断伤员呼吸、心跳，一旦判定呼吸、心跳停止，应立即采取以下三个步骤进行心肺复苏。

（1）开放气道

用最短的时间，先将伤员衣领口、领带、围巾等解开，戴上手套迅速清除伤员口鼻内的污泥、土块、痰、呕吐物等异物，以利于呼吸道畅通，再将气道打开。

1）仰头举颌法，操作时应注意以下几点：

①救护人员用一只手的小鱼际部位放在伤员前额，向下稍加用力使头后仰，另一只手的食指、中指将下颌上提；

②救护人员手指不要深压颌下软组织，以免阻塞气道。

2）仰头抬颈法，操作时应注意以下几点：

①救护人员将一只手的小鱼际部位放在伤员前额，向下稍加用力使头后仰，另一只手置于颈部并将颈部上托；

②无颈部外伤可用此法。

3）双下颌上提法，操作时应注意以下几点：

①救护人员双手手指放在伤员下颌角，向上或向后方提起下颌；

②头保持正中位，不能使头后仰，不可左右扭动；

③适用于怀疑颈椎外伤的伤员。

4）手钩异物法，操作时应注意以下几点：

①如伤员无意识，救护人员用一只手的拇指和其他四指，握住伤员舌和下颌后，掰开伤员嘴并上提下颌；

②救护人员另一只手的食指沿伤员口内插入；

③用钩取动作，抠出固体异物。

第6章 危险化学品事故工伤急救

（2）口对口人工呼吸

口对口人工呼吸的主要步骤如下：

1）救护人员将压前额手的拇指、食指捏闭伤员的鼻孔，另一只手托下颌；

2）使伤员的口张开，救护人员做深呼吸，用口紧贴并包住伤员口部吹气；

3）看伤员胸部，胸部起伏方为有效；

4）脱离伤员口部，放松捏鼻孔的拇指、食指，看胸廓复原情况；

5）感受伤员口鼻部是否有气呼出；

6）连续吹气两次，使伤员肺部充分换气。

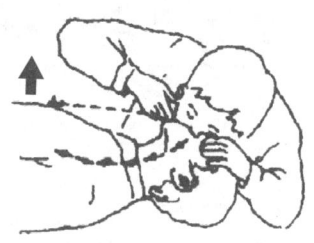 

（3）心脏复苏

判定心跳是否停止，可通过触摸伤员的颈动脉有无搏动来确定，如无搏动，立即进行胸外心脏按压。实施心肺复苏的主要步骤如下：

1）用一只手的掌根按在伤员胸骨中下 1/3 段交界处；

2）另一只手压在该手的手背上，双手手指均应翘起，不能平压在胸壁；

3）双肘关节伸直；

4）利用体重和肩臂力量垂直向下挤压；

5）使胸骨下陷 4 厘米；

6）略停顿后在原位放松；

7）手掌根不能离开心脏定位点；

8）连续进行 15 次心脏按压；

9）口对口吹气两次后按压心脏 15 次，如此反复。

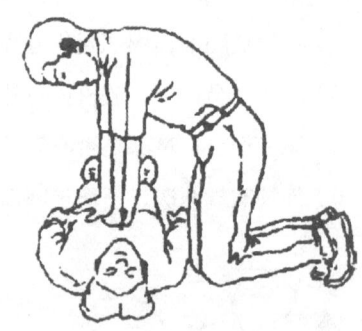

51. 毒气泄漏避险

（1）发生毒气泄漏事故时，现场人员不可惊慌，应按照平时应急预案的演习步骤,各司其职,井然有序地撤离。如果事故现场已有救护消防人员或专人引导,逃生时要服从他们的指挥。

(2)从毒气泄漏现场逃生时,要抓紧宝贵的时间,任何延误时间的行为都有可能带来灾难性的后果。

(3)逃生要根据泄漏物质的特性,佩戴相应的个人防护用品。如果现场没有个人防护用品或者数量不足,也可应急使用湿毛巾或衣物捂住口鼻逃生。

(4)首先沉着冷静地确定风向,然后根据毒气泄漏源位置,向上风向或沿侧风向转移撤离,也就是逆风逃生;另外,根据泄漏物质的相对密度,选择沿高处或低洼处逃生,但切忌在低洼处滞留。

(5)撤离泄漏区后,应立即到医院检查,必要时进行排毒治疗。

(6)还需注意的是,毒气泄漏后,若没有穿戴防护服,绝不能进入事故现场救人。因为这样不但救不了别人,自己也会受到伤害。

案例解读

某日下午，某化工厂2号氯冷凝器出现穿透裂纹，氯气泄漏，厂方随即进行处置。次日凌晨1时左右，裂管发生爆炸。4时左右，再次发生局部爆炸，大量氯气向周围弥漫。由于附近居民和单位较多，当地连夜组织人员疏散居民。17时57分，5个装有液氯的氯罐在抢险处置过程中突然发生爆炸，当场造成9人死亡，导致附近15万人疏散。事故发生后，当地消防特勤队员昼夜用高压水网（碱液）进行高空稀释，在较短的时间内控制了氯气扩散。

为避免剩余氯罐产生更大危害，现场指挥部和专家研究决定引爆氯罐。最终，存在危险的汽化器和储槽罐被全部销毁。当地解除警报。

迅速疏散群众避免进一步伤亡是本次应急响应的亮点，但对氯罐的处置过程还有需要改进的地方。

52. 中毒窒息急救

（1）加强全面通风或局部通风，用大量新鲜空气稀释冲淡中毒区域的有毒有害气体，待有毒有害气体浓度降到容许浓度时，方可进入现场抢救。

（2）救护人员在进入危险区域前必须戴好防毒面具、自救器等个人防护用品，必要时也应给中毒者戴上。迅速将中毒者从危险的环境转移到安全、通风的地方，如果中毒者失去知觉，可将其放在毛毯上提拉或抓住衣服，头朝前地转移出去。

第6章 危险化学品事故工伤急救

（3）如果是一氧化碳中毒，中毒者还没有停止呼吸，则应立即松开中毒者的领口、腰带，使中毒者能够顺畅地呼吸新鲜空气；若中毒者已停止呼吸但心脏还在跳动，则应立即进行人工呼吸，同时针刺人中穴；若中毒者心脏跳动也停止了，应迅速进行胸外心脏按压，同时进行人工呼吸。

（4）对于硫化氢中毒者，在进行人工呼吸之前，要用浸透食盐溶液的棉花或手帕盖住中毒者的口鼻。

（5）如果是瓦斯或二氧化碳窒息，情况不太严重时，可把窒息者移到空气新鲜的场所稍作休息；若窒息时间较长，则应进行人工呼吸抢救。

（6）如果有毒物质污染了眼部和皮肤，应立即用水冲洗；对于口服毒物的中毒者，应设法催吐，简单有效的办法是用手指刺激舌根；若误服腐蚀性毒物，可口服牛奶、蛋清、植物油等对消化道进行保护。

（7）救护中，救护人员一定要沉着，动作要迅速。对任何处于昏迷状态的中毒者，必须尽快将其送往医院进行急救。

53. 化学烧伤急救

（1）生石灰烧伤。被生石灰烧伤后，应迅速清除石灰颗粒，用大量流动的洁净冷水冲洗至少20分钟，尤其是眼内烧伤更应彻底冲洗。切忌用水浸泡受伤部位，防止生石灰遇水产生大量热量而加重烧伤。

（2）磷烧伤。被磷烧伤后，应迅速清除磷，先用大量流动的洁净冷水冲洗至少20分钟，然后用5%（质量分数）的碳酸氢钠或食用苏打水湿敷创面，使创面与空气隔绝，防止磷在空气中氧化燃烧而加重烧伤。

（3）强酸烧伤。强酸包括硫酸、盐酸、硝酸。皮肤被强酸烧伤后，应立即用大量清水冲洗至少20分钟，同时应立即脱掉被污染的衣服，还可用4%（质量分数）的碳酸氢钠或2%（质量分数）的食用苏打水冲洗中和。

（4）强碱烧伤。强碱包括氢氧化钠、氢氧化钾、氧化钾等。皮肤被强碱烧伤后，应立即用大量清水彻底冲洗创面，直到皂样物质消失为止，也可用食醋或2%（质量分数）的醋酸冲洗中和或湿敷。

54. 化学性眼灼伤和皮肤灼伤急救

（1）化学性眼灼伤急救

酸、碱等化学物质溅入眼部可引起损伤，其损伤程度和预后取决于化学物质的性质、浓度、渗透力和其与眼部接触的时间。常见的可引起化学性眼灼伤的物质有硫酸、硝酸、氨水、氢氧化钾、氢氧化钠等，其中碱性化学品的毒性较大。

1）烧伤症状如下：

①低浓度酸、碱灼伤，表现为刺痛、流泪、怕光、眼结膜充血、结膜和角膜上皮脱落。

②高浓度酸、碱灼伤，表现为剧烈疼痛、流泪、怕光、眼睑痉挛、眼睑及结膜高度充血水肿、局部组织坏死。

③严重的酸、碱灼伤，表现为可损害眼的深部组织，出现虹膜炎、前房积脓、晶体浑浊、全眼球炎，甚至眼球穿孔、萎缩或继发青光眼。

2）急救措施如下：

①发生化学性眼灼伤，应立即彻底冲洗。现场可用自来水冲洗，冲洗时间至少为20分钟。如无水龙头，可先把头浸入盛有清洁水的盆内，把上下眼睑翻开，使眼球在水中轻轻左右摆动，然后再送医院治疗。

②用生理盐水冲洗，以稀释和去除化学物质。冲洗时，应注意穹窿部结膜是否有固体化学物质残留，并应清除坏死组织。石灰和电石颗粒灼伤，应先用蘸植物油的棉签清除残余颗粒后，再用水冲洗。

Tips 相关链接

> 强酸烧伤眼部的现场处理：若眼部烧伤，采取简易的冲洗方法，即用手将伤者眼部撑开，把面部浸入清水中，将头轻轻摇动。冲洗时间不少于20分钟。切忌用手或手帕揉擦眼睛，以免增加创伤。如发生吸入性烧伤，出现咳血性泡沫痰、胸闷、流泪、呼吸困难、肺水肿等症状时，要注意保持呼吸道畅通，可吸入2%～4%（质量分数）的雾化碳酸氢钠。

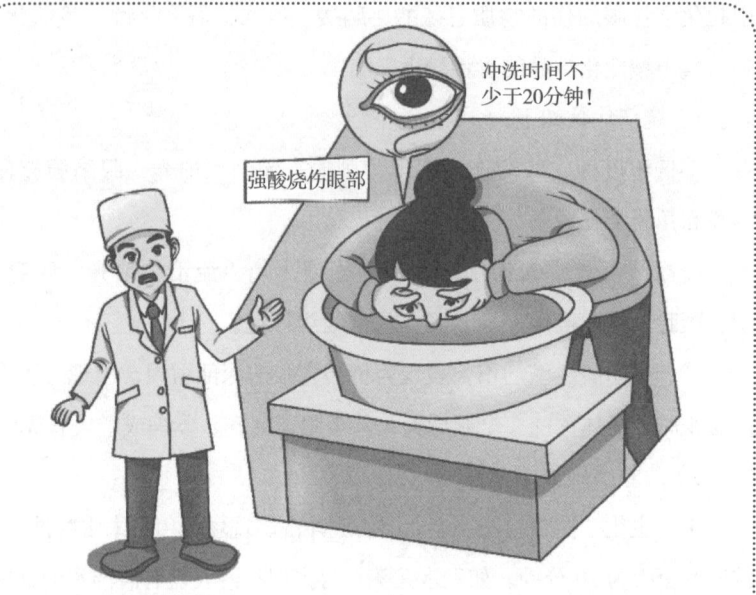

强碱烧伤眼部的现场处理：发生眼部烧伤应用清水冲洗至少20分钟。严禁用酸性物质冲洗眼部。

（2）化学性皮肤灼伤急救

1）迅速撤离现场，脱去污染的衣服，立即用大量流动的清水冲洗20~30分钟。碱性物质污染后冲洗时间应延长，特别注意眼部及其他特殊部位，如头、面、手、会阴部位的冲洗。灼伤创面经水冲洗后，必要时进行合理的中和治疗。例如，若被氢氟酸灼伤，经水冲洗后，需及时用钙、镁的制剂局部中和治疗，必要时可用葡萄糖酸钙进行静脉注射。

2）化学灼伤创面应彻底清创、剪去水疱、清除坏死组织。深度创面应立即或在早期进行削（切）痂植皮及延迟植皮。例如，被黄磷灼伤后应及早切痂，防止磷吸收中毒。

3）对于有些化学物灼伤，如氰化物、酚类、氯化钡、氢氟酸等，在冲洗时应进行适当的解毒急救处理。

4）化学灼伤合并休克时，冲洗应从速、从简，积极进行抗休克治疗。

55. 强酸和强碱灼伤的现场处理

（1）强酸灼伤的现场处理

浓酸溅到皮肤上后，应及时用大量清水冲洗，并脱去被污染的衣物，应根据不同酸的特殊性适当处理。硫酸、盐酸、硝酸所引起的烧伤应先拭去患处酸液，然后用大量清水冲洗20~30分钟，用5%（质量分数）的碳酸氢钠液中和后，再用大量清水冲洗，最后按烧伤处理。Ⅲ度烧伤可用碘酒或中草药局部处理。

氢氟酸烧伤的危害最大，其处理方式为：立即用石灰水、饱和硫酸镁溶液浸泡以促进恢复，防止坏死。若烧伤部位已经形成水疱，应切开后用30%（质量分数）葡萄糖酸钙、氯化钠溶液浸泡；浸泡后，在烧伤硬结下注射葡萄糖酸钙以形成氧化钙，起止痛和控制破坏作用。但手指、足趾烧伤时切勿注射过多的葡萄糖酸钙，以防阻滞局部血液循环而引起组织坏死。此外，局部烧伤可敷氧化镁与20%（质量分数）甘油混合糊状膏。如已形成溃疡或水疱，或者浸透甲床，可切开，必要时应将指甲剥离或做倒三角形局部切除，用弱碱溶液浸泡后再敷以氧化镁油膏。

（2）强碱灼伤的现场处理

当强碱溅到皮肤上时，应立即用大量清水冲洗，要尽量冲洗得彻底干净。用水冲洗前禁用中和剂，以免产生中和热加重烧伤。用1%~2%（质量分数）醋酸冲洗和湿敷后，仍需用大量清水冲洗创面。

石灰烧伤时，应先将石灰粉粒清除干净，然后再用清水冲洗，以防石灰在遇水时产生大量热而加重组织烧伤。

 相关链接

> 由强酸、强碱、酚、磷等化学物质引起的烧伤，称为化学灼伤，大多数是由于设备故障、违章操作或个人防护不当等原因所造成的。
>
> 碱对组织的破坏性和渗透性较强，除立即产生作用外，还能皂化脂肪组织，吸收细胞内的水分，溶解蛋白质，并与蛋白质结合形成碱性蛋白化合物，使烧伤逐步加深。碱灼伤通常表现为局部变白、刺痛、周围红肿起水疱，重者会发生糜烂。